BIBLIOTHÈQUE DU JARDINIER

PUBLIÉE SOUS LA DIRECTION

De MM. DECAISNE, Membre de l'Académie des Sciences, professeur de culture
au Jardin des Plantes

Et L. VILMORIN, membre de la Société impériale d'agriculture

PÉPINIÈRES

Paris. — Typographie de Firmin Didot frères, rue Jacob, 56.

PÉPINIÈRES

Par CARRIÈRE

Chef des Pépinières au Jardin des Plantes de Paris.

PARIS,

DUSACQ, LIBRAIRIE AGRICOLE DE LA MAISON RUSTIQUE,

RUE JACOB, 26.

PÉPINIÈRES.

CHAPITRE PREMIER.

De la Pépinière.

I. — *Définition.*

On nomme *pépinière* un terrain particulièrement consacré à l'éducation de végétaux, où ceux-ci doivent subir diverses préparations, être soumis à divers traitements, et être amenés au degré de force qu'ils doivent avoir pour être plantés plus tard à demeure, à leur place définitive.

Le mot *pépinière* doit être pris dans un sens général, puisque la plupart des végétaux, soit herbacés, soit ligneux, cultivés pour l'ornement ou pour l'utilité, doivent, avant d'être mis en place, passer par la pépinière. On peut avec assez de raison comparer une pépinière à un laboratoire, ou mieux à une fabrique d'où doivent sortir les végétaux pour être livrés au commerce. Mais, ne pouvant embrasser toutes les parties d'un si vaste sujet, nous nous proposons seulement d'envisager la pépinière dans ses rapports avec les végétaux ligneux.

II. — *Utilité d'une pépinière.*

L'utilité d'une pépinière n'a pas besoin d'être démontrée ; elle est presque toujours, non-seulement utile, mais encore *indispensable*. Quelques exemples rendront cette vérité évidente.

Les graines d'arbres ou d'arbustes peuvent rarement être semées *en place*, c'est-à-dire là où devra s'élever plus tard un bois, un massif ou une avenue. Presque toutes ont besoin pour germer de n'être que très-peu enterrées ; **quelques-unes** veulent être seulement répandues sur le sol ; toutes demandent à être fréquemment arrosées ou seulement **bassinées** ; **d'autres** se sèment à l'ombre ou dans un terrain spécial ; enfin, les soins particuliers qu'elles réclament peuvent varier à l'infini. D'autres considérations rendent en outre la pépinière d'une indispensable nécessité : les graines de plusieurs espèces lèvent très-difficilement et souvent très-mal, d'autres sont plusieurs années à lever ; si elles étaient semées en place, elles occuperaient pendant longtemps de grands espaces de terrain inutilement : sans parler des mauvaises chances, qui sont, ainsi qu'on peut le voir, déjà très-nombreuses, les graines seraient pendant tout ce temps exposées à toute espèce de causes de destruction ; souvent, plusieurs années après la levée des graines, les jeunes plants ne pourraient se défendre contre les animaux ou contre les attaques des insectes.

Pour utiliser le terrain et en tirer parti, on pourrait, dira-t-on, le cultiver entre les plants. Alors ces derniers seraient exposés à être coupés ou détruits de toute autre manière, par exemple, par les divers travaux qu'exigeraient les cultures établies dans leurs intervalles. Il pourrait aussi arriver dans ce cas qu'en poursuivant deux récoltes à la fois, on n'en obtînt pas une.

Les jeunes sujets provenant de semis ou de couchages sont ordinairement trop faibles pour être livrés à la pleine terre; ils ont besoin, comme les plantes obtenues de semis, de passer quelque temps dans la pépinière pour acquérir une certaine force ou pour subir certaines opérations, telles que la *greffe* et le *recépage*, ou enfin pour y recevoir une forme particulière, et devenir en état de résister aux alternatives de sécheresse et d'humidité auxquelles ils pourront être exposés lorsque plus tard ils auront été mis en place. D'un autre côté, le terrain où ils doivent être plantés plus tard est souvent de mauvaise nature; il ne conviendrait pas à ces jeunes plants, tandis que lorsqu'ils seront devenus vigoureux, ils pourront plus facilement supporter ces mauvaises conditions de végétation. Certaines espèces ont aussi besoin, pendant les premières années, d'être protégées contre l'ardeur du soleil ou contre la rigueur du froid, ou bien d'être fréquemment arrosées ou seulement bassinées. Quelques-unes réclament, pendant leurs premières années, une terre particulière, de bonne qualité, tandis que plus tard, sans être tout à fait indifférentes à la qualité du sol, elles auront beaucoup moins à souffrir d'être plantées dans une terre médiocre. Ces différentes conditions exigent donc, pour être remplies, que les plants soient rapprochés les uns des autres et soumis à une surveillance de tous les jours, ce qui n'est possible que dans une pépinière. Un autre genre d'utilité de la pépinière, c'est de servir de réserve pour le remplacement des sujets qui peuvent manquer dans les plantations.

III. — *Conditions d'établissement d'une pépinière.*

Une des premières conditions pour la création d'une pépinière, indépendamment de la nature du sol, c'est sa position; et celle-ci sera d'autant plus avantageuse qu'elle se trouvera plus rapprochée des grands centres de population, qui pourront faciliter l'écoulement des produits. Mais, comme il est souvent très-difficile de trouver auprès des grandes villes des terrains d'une étendue suffisante, et que plus souvent encore ces terrains ne réunissent pas les conditions nécessaires au point de vue de la végétation, les pépinières doivent souvent être placées plus ou moins loin des grandes villes. Dans ce cas, *il faudra toujours* que l'emplacement choisi se trouve près d'une voie de communication, grande route, canal ou chemin de fer, qui rende facile l'accès des pépinières aux amateurs, et par cette raison favorise la vente des arbres. Ces conditions d'emplacement exercent sur la réussite de l'exploitation d'une pépinière une si grande influence, que souvent un terrain médiocre, placé dans de bonnes conditions, sera préférable à un autre de qualité supérieure, mais placé dans des conditions défavorables. Il importe néanmoins, autant que la chose est possible, de faire choix d'un bon terrain. J'indiquerai plus loin les qualités qu'un terrain doit réunir pour être considéré comme bon pour une pépinière. Il faut aussi qu'il soit facile de s'y procurer de l'eau, soit de source, soit d'un puits dont la profondeur ne soit pas exagérée, et dans lequel on puisse à peu de frais placer une pompe ou établir un manége. Si la pépinière est placée dans le voisinage d'une source un peu abondante, ou mieux encore d'une rivière, et qu'on puisse y établir une prise d'eau, ce moyen d'arrosement sera beaucoup plus avantageux, parce qu'alors on pourra, à l'aide de rigoles ou de conduits, faire arriver l'eau presque sans frais sur une grande partie du terrain.

IV. — *Climat.*

§ I. — Définition du climat.

On désigne sous le nom de *climat* l'ensemble des conditions météorologiques qui caractérisent, avec de faibles variations, une étendue plus ou moins grande de pays. La circonscription des climats est rarement bien tranchée ; ordinairement deux climats voisins, et très-différents si on ne considère que leurs extrêmes, se fondent, sur leur limite réciproque, par des gradations insensibles. A chaque climat correspondent certains végétaux caractéristiques, et qu'on ne retrouve spontanés dans aucun autre. Il n'en faudrait pas conclure cependant d'une manière absolue que ces végétaux sont irrévocablement fixés sur le point du globe où la nature les a fait naître, et qu'ils ne peuvent le quitter sans périr. Il arrive, en effet, très-souvent que, soit par des circonstances accidentelles, soit plus habituellement par le fait de l'industrie humaine, des plantes sont transportées et prospèrent sur des points très-éloignés, et notablement différents, par le climat, de leur station originelle. Nos cultures nous en offrent de nombreux exemples.

§ II. — Différentes espèces de climats.

Pour donner une idée exacte d'une circonscription climatérique, il ne suffit pas d'en faire connaître la température ; il faut aussi indiquer les autres phénomènes météorologiques qui s'y présentent, tels que la quantité de pluie qui y tombe annuellement, la répartition de cette pluie suivant les saisons, l'état du ciel plus ou moins transparent ou couvert, la direction, la force et la durée des vents, etc. Il en résulte que la notion de climat est une idée complexe, dont les éléments doivent être étudiés soit séparément, soit dans leurs rapports mutuels. Pour distinguer les divers climats les uns d'avec les autres, on est convenu de les désigner par des dénominations qui rappellent, sinon tous leurs caractères, du moins leurs caractères les plus saillants. Nous nous bornerons à mentionner les suivants, qui sont même plutôt des *groupes* de climats analogues, que des individualités climatériques nettement déterminées.

1. *Climats chauds.* — On désigne sous ce nom tous les climats, secs ou humides, où la température ne descend jamais à 0° du thermomètre centigrade, et où les chaleurs atteignent ou dépassent accidentellement 40°. Ces climats règnent de chaque côté de l'équateur, jusqu'au 25e ou au 30e degré de latitude, suivant les lieux. Leur ensemble caractérise ce qu'on nomme la *zone torride*, dont les limites cosmographiques sont indiquées par les tropiques du Cancer et du Capricorne, mais qui, en réalité, ne se confondent pas avec eux. La zone torride se subdivise elle-même en un grand nombre de climats distincts ; elle se caractérise par une végétation exubérante et généralement continue, excepté là où la chaleur et la sécheresse, devenues excessives, la suspendent pendant une partie de l'année.

2. *Climats tempérés.* — Ce groupe offre de plus grandes dissemblances encore que celui des climats chauds. On n'en peut fixer les limites autrement que d'une ma-

nière tout à fait conventionnelle. En faisant commencer
la zone des climats tempérés sur les latitudes où le thermomètre descend momentanément à zéro pendant l'hiver, on pourra l'étendre d'une manière indéfinie vers
le nord, jusqu'à ce qu'on soit arrêté par le cercle po-
laire, où l'astronomie fixe la limite de la zone tempérée. Mais cette zone devient tellement large, et ses deux
extrémités présentent des différences thermométriques
tellement considérables, qu'on se trouve dans la nécessité de la subdiviser elle-même en zones secondaires.
Nous adoptons les cinq suivantes, qui nous paraissent
correspondre assez nettement aux grandes circonscrip-
tions agricoles de notre hémisphère : 1° la *zone subtro-
picale*, comprise entre le 25° et le 35° degré de latitude,
et où la température moyenne peut être évaluée à + 21
ou 22° centigrades ; 2° la *zone méditerranéenne*, étendue
du 35° degré au 45°, avec une température moyenne
de + 14 à 18° : cette zone est éminemment caractérisée
par la culture de l'olivier, de la vigne, et, çà et là, de
l'oranger ; 3° la *zone tempérée moyenne*, qui fait suite à
la précédente et finit vers le 52° degré, et dont la température annuelle varie, selon les lieux, de + 7 à 13° centigrades ; la vigne y occupe encore de vastes étendues,
mais, sur la lisière septentrionale de la zone, elle est
remplacée par les arbres à cidre ; on y cultive toutes les
céréales d'Europe, à l'exception du riz ; 4° la *zone tempérée froide*, comprise entre le 52° et le 60° degré de
latitude, impropre à la culture de la vigne et du maïs, et
où la température moyenne de l'année n'est plus que de
+ 4 à 6° ; 5° enfin la *zone subarctique*, étendue jusqu'au
65° degré de latitude, où la température moyenne n'est
que de + 2 à 3° au-dessus de zéro, et où cessent graduelle-
ment toutes les cultures d'arbres fruitiers et de céréales,

3. *Climats extrêmes.*—On nomme climat extrême celui qui présente à la fois les deux extrêmes de froid et de chaud, c'est-à-dire une chaleur très-intense en été et des froids rigoureux en hiver. Tels sont, par exemple, ceux de l'Europe orientale, de l'Asie centrale, de la Chine, etc., où le thermomètre descend quelquefois en hiver à — 30°, et s'élève en été à + 35 ou 40 degrés centigrades. L'absence des gelées, qui constitue sous ces climats la belle saison, ne dure quelquefois que quatre à cinq mois; ce temps, quelque court qu'il nous paraisse, est cependant suffisant pour semer et récolter différents produits qui, dans certains pays plus tempérés, auraient besoin de six à huit mois pour parvenir à parfaite maturité.

4. *Climats maritimes.*—On donne ce nom à celui des pays placés, soit sur le bord des grandes mers, soit assez près des côtes, pour que l'influence de l'atmosphère océanique s'y fasse sentir. Les climats maritimes sont généralement plus tempérés que ceux de l'intérieur des continents sous les mêmes latitudes; et s'il y fait moins chaud en été, il y fait aussi moins froid en hiver. Beaucoup de végétaux qui gèlent sous des climats en apparence plus avantageux, résistent très-bien à l'air libre sous les climats maritimes. C'est ainsi que les jardins de la Bretagne et des environs de Cherbourg renferment des Myrtes, des Arbousiers, etc., qui ne supportent pas les hivers plus froids de Paris, bien que cette ville soit sous une latitude sensiblement plus méridionale.

V. — *Quel est en résumé le climat le plus avantageux ?*

Ici la question est très-complexe; car le Créateur, qui n'a pu vouloir qu'aucune partie du globe fût déshéritée de sa part de végétation, a dû créer certaines plantes en rapport avec les pays où elles devaient croître, et leur donner une organisation telle, qu'elles pussent non-seulement conserver la vie végétale, mais encore trouver tous les éléments nécessaires à leur accroissement et à leur reproduction. On pourrait conclure de ce qui précède que les climats qui viennent d'être passés en revue sont tous *plus* ou *moins* bons; mais, sans vouloir trop généraliser le sens des expressions, il est permis d'affirmer que les meilleurs climats sont en effet ceux sous lesquels on peut cultiver avec succès le plus grand nombre de végétaux utiles d'espèces différentes. Or, au point de vue de l'établissement d'une pépinière dans notre pays pour les végétaux ligneux, les meilleures conditions climatériques (à part la qualité du sol) se trouvent principalement réunies dans quelques parties du centre, du sud, du sud-est et du sud-ouest de la France. Néanmoins, si l'on se proposait d'établir une pépinière dans le but de naturaliser ou de cultiver les végétaux exotiques, on devrait choisir parmi les localités que je viens d'indiquer, comme les plus avantageuses, les parties sud et sud-est de la France, particulièrement situées dans les départements du Var, des Basses-Alpes, de Vaucluse, des Bouches-du-Rhône, de l'Hérault, de l'Aude et des Pyrénées-Orientales. Toutes ces localités, indépendamment de leur position plus rapprochée de l'équateur, comparativement à la latitude du climat de Paris, joignent aux avantages d'une température plus élevée ceux du climat maritime, auquel appartient tout le littoral français de la Méditerranée. Le choix de l'emplacement d'une pépinière, quant au climat, doit donc être réglé d'après les exigences des végétaux appelés à y croître.

CHAPITRE II.

Du sol.

Le succès des cultures dépend tellement de la nature du terrain, que, loin de regarder ce point comme
de peu d'importance, toutes les fois qu'on a la liberté du
choix, il y faut apporter la plus sérieuse attention.

I. — *Conditions d'un bon sol.*

Les végétaux ligneux, étant par leur nature destinés
à vivre un nombre d'années plus ou moins grand à la
même place, demandent, pour y vivre et y grandir,
un sol qui puisse leur fournir tous les éléments nécessaires à leur accroissement. Les principales conditions d'un bon sol pour une pépinière doivent être
soigneusement déterminées. Il faut d'abord qu'il ait assez de profondeur, afin que les racines de certaines espèces qui aiment à s'enfoncer verticalement ne trouvent
pas d'obstacles ; car si certains arbrisseaux ou arbustes
n'ont besoin pour se développer que d'un terrain peu
profond, ou d'une faible épaisseur dans la couche végétale superficielle, il n'en est pas de même de presque
tous les autres végétaux. La plupart des arbres réclament au contraire un terrain profond ; mais, indépendamment de la profondeur du sol, une condition non
moins importante, c'est sa nature. Pour qu'un sol soit
réputé bon au point de vue de la culture des arbres en
pépinière, il faut qu'il soit argilo siliceux, légèrement
calcaire, qu'il ait assez de consistance, et, comme on

dit communément, *que la terre soit un peu forte*, mais en même temps *assez légère*. Toutes ces qualités se trouvent à peu près réunies dans ce qu'on nomme une bonne terre franche. Telles sont, par exemple, aux environs de Paris, les terres de Clamart, de Villejuif et de Fontenay-aux-Roses. Je ne veux pas dire que ces terres soient les seules où l'on puisse établir une pépinière, car, à vrai dire, il n'y en a aucune qui soit stérile d'une manière absolue ; seulement, dans certains cas, il faudrait limiter avec discernement le choix des espèces qui pourraient y croître. Je n'ai pas non plus la prétention d'avoir indiqué ci-dessus une terre possédant toutes les qualités, et dans laquelle tous les végétaux, compatibles avec le climat, puissent être cultivés ; mais celle que je désigne est probablement celle où l'on pourra cultiver le plus grand nombre d'espèces ; car, quelles que soient la nature d'un terrain, son exposition, sa position géographique, il y aura toujours un certain nombre de végétaux qui ne pourront pas y réussir. Ici devra s'exercer la sagacité du cultivateur ; c'est à lui de savoir préparer des composts et des mélanges appropriés à la nature des plantes et aux caractères de leur végétation. Une considération essentielle doit encore influer sur le choix d'un terrain : c'est celle du genre de culture auquel on se propose de le consacrer. Si, par exemple, on veut cultiver *exclusivement* les plantes dites de terre de bruyère, il pourra se faire, dans ce cas, qu'il soit avantageux de placer la pépinière sur une terre de cette nature, ou dans son voisinage ; mais ceci ne modifie en rien les autres conditions indiquées pour l'emplacement. L'accès devra toujours en être facile, c'est même presque partout une des conditions de succès les plus importantes.

Quelle est l'exposition la plus convenable pour une

pépinière à créer? Au point de vue de l'exposition seulement, et sans avoir égard à la nature du terrain, non plus qu'à son emplacement, une des conditions premières, c'est que la position soit découverte et aérée, condition que, du reste, l'on rencontre assez généralement; car la création d'une pépinière ne pouvant être réalisée que sur un terrain assez vaste, on y trouve ordinairement presque toutes les expositions. Les parties les mieux ombragées, ou placées le plus au nord, seront utilisées pour les plantes de terre de bruyère : *Azalea, Rhododendron, Kalmia*. Les cloches, si nécessaires au bouturage, et sous lesquelles on peut multiplier à froid et sans aucun frais la plupart des arbustes, surtout ceux à feuilles persistantes, seront également placées à une exposition septentrionale. Dans les parties tout à fait découvertes et exposées au grand soleil, plus chaudes et plus sèches par conséquent que le reste du terrain, on cultivera particulièrement les arbres, arbrisseaux et arbustes appartenant à la famille des légumineuses : *Cytisus, Ononis, Genista, Amorpha, Caragana*, qui peuvent prospérer dans ces conditions. Les grands arbres destinés à former des futaies ou à être plantés en lignes devront, ainsi que tous les arbres fruitiers, occuper, autant que possible, un emplacement découvert et bien aéré.

II. — *Choix d'un terrain quant à sa configuration. —
Terrain plat, terrain en pente.*

Lequel est préférable, d'un sol plat ou d'un sol en pente, pour une pépinière ?

Toutes les fois que le pépiniériste pourra choisir son terrain, il préférera à tout autre un sol parfaitement plat, c'est-à-dire à peu près de niveau, quand même ce

terrain serait de qualité un peu inférieure ; car si tous les
terrains peuvent à la rigueur être cultivés quelle que soit
leur configuration, il est évident que leur culture peut
être plus ou moins difficile, et par conséquent aussi plus
ou moins avantageuse. Sur un terrain plat ou à peu près
horizontal, tous les travaux sont beaucoup plus faciles
à exécuter ; il en est de même du transport des produits
et des engrais. Un terrain en pente, au contraire, rend
tous les travaux plus difficiles ; l'accès en est souvent
très-pénible pour les voitures, le transport des produits
et des engrais ne peut souvent se faire qu'à bras, ce qui
grossit sensiblement les frais de main-d'œuvre. Indépendamment de tous ces inconvénients, les terrains en
pente en ont encore plusieurs autres, dont le plus grave
est de ne pouvoir être arrosés qu'avec les plus grandes
difficultés, ou même de ne pouvoir pas l'être du tout,
à moins qu'il n'existe dans la partie la plus élevée une
source ou un cours d'eau sur lequel on aurait droit de
prise. Après les pluies violentes, l'eau peut entraîner
les terres, surtout si elles sont meubles, et mettre par
conséquent à nu les racines des jeunes plants, ou entraîner avec elles une grande partie des engrais, ou même
des graines confiées au sol. Ceci, bien entendu, ne doit
s'entendre que des pentes rapides ; une faible pente,
favorable à certaines espèces de végétaux, est à peine
nuisible sous d'autres rapports. Il y aurait donc exagé-
ration à croire qu'un terrain en pente ne peut être bon
à rien pour une pépinière ; chaque chose a ses avantages ; rien de ce qu'a fait le Créateur n'en est absolument
dépourvu, et il n'est pas de terrain, quelle que soit
sa configuration, qui ne présente quelques ressources
pour l'homme. Par exemple, un terrain incliné et à la
fois de bonne nature, et un peu frais, peut être avanta-

geux, si ce n'est au point de vue de la facilité des travaux, du moins à celui de la culture des végétaux ligneux. Presque tous, ou du moins une grande partie
d'entre eux, viendront bien dans ces conditions, qui
sont en effet les meilleures ; car leurs racines seront
constamment en contact avec une humidité suffisante,
tandis que, par suite de l'inclinaison, cette humidité ne
sera jamais nuisible, l'écoulement de l'eau superflue
étant toujours assuré. Si la pente est inclinée au midi,
la plupart des végétaux pourront y être cultivés, excepté ceux qui redoutent le grand soleil ; si elle est au
contraire tournée vers le nord, elle conviendra à certaines essences forestières et d'ornement, et en particulier, parmi ces dernières, aux plantes de terre de
bruyère, ou bien encore à celles qui pourraient souffrir
des fortes gelées. Le tort fait aux plantes par la rigueur
du froid, toutes circonstances égales d'ailleurs, est
généralement moins grave quand le soleil ne vient pas
subitement les frapper alors qu'elles sont encore sous
l'influence de la gelée. Ce sont en effet ces deux actions
si contraires qui, en se succédant brusquement, causent
le plus souvent la mort des végétaux.

Je dois encore faire observer que, dans les terres in-
clinées, les travaux de plantation ou de semis devront
toujours être faits en sens contraire de celui de la pente,
c'est-à-dire que les planches ou les rangées devront
former un angle droit avec cette dernière ; les semis et
les repiquages en poquets et en rigoles seront faits dans
le même sens, pour que la terre ne se trouve pas entraînée
par les eaux résultant des pluies torrentielles.

III. — *Nécessité d'un sous-sol perméable.*

Les divers avantages des meilleures terres pour la

culture en pépinière des plantes ligneuses sont annulés lorsque ces terres reposent sur un sous-sol imperméable, qui s'oppose à l'écoulement par infiltration de l'eau surabondante. Dans ce cas, l'eau souterraine forme une espèce de nappe dans laquelle les racines des jeunes plantes sont constamment plongées ; cela suffit pour arrêter leur développement, et amener rapidement leur pourriture totale ou partielle. Dans ces conditions désavantageuses, il n'y a guère parmi les espèces forestières que les *Alnus* (Aunes), *Populus* (Peupliers), *Salix* (Saules), qui puissent vivre ; la plupart des autres espèces, si elles ne meurent pas, ne peuvent qu'y languir ; aucune espèce d'arbre fruitier n'y saurait prospérer. Lorsque de tels terrains sont destinés à la culture des plantes herbacées, tant pour la grande culture que pour la culture maraîchère, ils peuvent être assainis, soit par le drainage, soit par tout autre moyen ; mais pour les végétaux ligneux cela est à peu près impossible, leurs racines devant pénétrer beaucoup plus profondément dans le sol. On ne peut dans ce cas, pour en tirer parti, que pratiquer des fossés plus ou moins rapprochés les uns des autres. Grâce à ces fossés, l'eau du sous-sol pourra s'écouler ; et la terre rejetée sur les bords, en exhaussant le sol, éloignera de l'eau la superficie, qui avant l'opération s'en trouvait beaucoup plus rapprochée. Après l'achèvement de ces travaux, et quoique dans des conditions désavantageuses, ces terrains pourront être très-utilement employés pour la pépinière, si le sol en est siliceux et tourbeux, comme cela se rencontre assez fréquemment. On peut y cultiver alors, et souvent avec beaucoup de succès, la plupart des plantes de terre de bruyère, et une foule d'autres espèces d'arbrisseaux et d'arbustes ; mais les grands arbres dont les racines s'enfoncent profondément ne pourront jamais y être élevés, sauf les quelques espèces mentionnées plus haut; toutes les autres peuvent seulement y être amenées à l'état de plants, et y passer quelques années en pépinière avant d'être plantées à demeure.

IV. — *Avantages et inconvénients d'un sol trop riche ou trop pauvre.*

Y a-t-il avantage à créer une pépinière dans un sol riche ou dans un sol pauvre ?

Telle est la question posée depuis très-longtemps, et qui ne paraît pas encore résolue. En effet, jusqu'à présent les avis sont partagés, et il s'est élevé des débats desquels sont souvent sorties des conclusions tout à fait opposées entre elles. La cause paraît en être que les uns et les autres ont envisagé la question sous un point de vue restreint, en se basant sur des faits particuliers. De là tant d'opinions diverses, tant d'affirmations contradictoires, chacun appuyant sa manière de voir sur des faits exceptionnels, suivant les diverses conditions dans lesquelles il était placé, et d'après les résultats qu'il avait obtenus, quelquefois même d'après les rapports d'autrui. Prenons d'abord un aperçu de ce qui se passe dans les terres riches ou de première qualité; nous reprendrons pour les autres terres le même examen.

Dans les terres riches, les arbres poussent avec une très-grande vigueur, les bourgeons sont gros, longs et bien nourris, leur écorce est lisse et unie, en un mot les jeunes arbres semblent réunir toutes les conditions nécessaires de succès et de prospérité. Mais si ces arbres, en sortant des pépinières, sont plantés dans des terres de mauvaise nature ou seulement de qualité médiocre, comme cela n'arrive que trop souvent, ils vont, dit-on, dépérir. Dépérir, non ; mais ils pourront éprouver une sorte de malaise, résultant de la réaction causée d'un côté par ce changement si subit et si grand de la nature du sol en contact avec leurs racines, et de l'autre par la fatigue qui résulte toujours de la transplantation. Il ne faudra pas s'étonner si ces arbres *boudent*, comme on dit, et s'ils ne font que végéter pauvrement pendant les premières années. On aurait tort d'en conclure aussi rigoureusement qu'on le fait habituellement contre la valeur des arbres élevés dans de trop bonnes terres.

Si les arbres sont au contraire élevés dans un terrain médiocre ou même mauvais, tel que ceux qu'on désigne souvent sous le nom de *terres pauvres*, nous aurons une végétation toute différente et tout à fait opposée à celle de l'exemple précédent; les arbres pousseront beaucoup moins, les bourgeons, plus courts, seront aussi moins bien nourris, et l'écorce, au lieu d'être lisse et unie, sera souvent rugueuse, et quelquefois même couverte de mousses et de lichens. On comprend que de tels arbres ayant, outre leur débilité naturelle, à supporter la fatigue occasionnée par l'arrachage et la transplantation, s'ils ne sont placés immédiatement dans un bon terrain et convenablement soignés, ne pourront jamais donner que des résultats médiocres, ou même tout à fait déplorables. Concluons, contrairement à l'opinion exprimée à ce sujet par différents auteurs, qu'un bon sol est toujours de beaucoup préférable, et que, toutes les fois que le pépiniériste a la liberté du choix, il ne doit pas hésiter à choisir la meilleure terre possible; alors il peut compter qu'il sortira de sa pépinière des sujets vigoureux, bien nourris et bien constitués, en état de mieux supporter la réaction toujours produite par la transplantation. Il est vrai qu'ils pourront s'ar-

rêter un peu après leur mise en place ; mais plus tard,
lorsqu'ils partiront, ils regagneront très-promptement le
retard qu'ils pourraient avoir eu sur d'autres de même
espèce, élevés dans une terre médiocre ou mauvaise,
et plantés ensuite dans les mêmes conditions.

Nous venons d'envisager la question au seul point de
vue de l'avantage du propriétaire qui achète des arbres
pour une plantation ; examinons-la maintenant à celui
des intérêts du cultivateur. Dans un sol riche, les arbres pourront souvent être livrés dès la deuxième année, c'est-à-dire au bout de deux ans de greffe, et
même, pour beaucoup d'espèces forestières, la première année. Ces arbres seront plus beaux, ils auront
plus de force, plus d'apparence, et leur placement sera
par conséquent beaucoup plus facile. Les lois organi-
ques étant à peu près les mêmes chez tous les êtres, si
par comparaison nous jetons un coup d'œil sur ceux d'un
autre ordre, sur nous par exemple, les faits seront
évidemment en faveur de l'opinion que nous soutenons.
Personne n'ignore qu'un homme qui a enduré des pri-
vations dans sa jeunesse, à cette époque de la vie où la
charpente du corps s'établit, où les organes internes se
constituent, cet homme sera ordinairement faible et
débile pour le reste de ses jours ; il sera très-souvent
indisposé, et ne jouira jamais, toutes choses égales d'ailleurs, de cette santé, de cette rusticité, si cette expres-
sion peut être employée, que possède l'homme qui, dans
sa jeunesse, aura reçu une nourriture solide sans être
recherchée, mais saine, abondante et *substantielle*. Il y
a, nous le savons, des exceptions à cette règle comme à
toute autre ; mais, loin de la détruire, leur petit nombre
ne fait que la confirmer.

CHAPITRE III.

Travaux préliminaires.

On entend, sous cette dénomination, tous les travaux
à faire sur un terrain *nu*, avant d'y cultiver des arbres,
c'est-à-dire à partir des premières façons qu'il doit recevoir, labour, tracé et distribution; ensuite, les différentes manières d'arroser et de distribuer les eaux,
suivant les conditions dans lesquelles la pépinière se
trouve placée.

I. — *Défoncement.*

Ce terme désigne un labour un peu plus profond que
les labours ordinaires; mais, dans sa véritable accep-
tion, il exprime l'action de labourer un terrain à une
profondeur d'au moins 0,60, en remettant au fond la
terre enlevée de la surface, et réciproquement. On pratique donc le défoncement dans les circonstances suivantes : 1° si le terrain est épuisé à la surface, et que la
terre du fond soit de bonne nature; 2° si, à une très-
petite profondeur, il existe un sous-sol imperméable
qui s'oppose à l'infiltration de l'eau, ou qui forme une
sorte de plancher que ne pourraient percer les racines des
jeunes arbres. Dans ces deux cas, il faudra, pour *défoncer*, faire une *jauge* ou tranchée beaucoup plus large, se
servir de la pioche, et quelquefois même de la pince ou
levier en fer; mais, dans cette circonstance, le sous-sol
étant de mauvaise nature, il faudra, au lieu de le rame-
ner à la surface, le laisser au fond de la tranchée, après

l'avoir ameubli le mieux possible avec la pioche ou tournée. N'oublions pas une recommandation essentielle. Le défoncement proprement dit, ramenant à la surface du sol toute la partie inférieure non aérée, non vivifiée par les divers éléments atmosphériques, devra être exécuté assez longtemps avant la plantation, et autant que possible avant l'hiver, si l'on se propose de planter au printemps suivant, afin que les terres puissent pendant un certain temps, avant d'être couvertes de jeunes arbres, profiter de l'influence de l'air et de la lumière, premiers principes de toute végétation. Mais, le plus souvent, un bon labour de 0^m,40 sera tout à fait suffisant; car c'est principalément à une profondeur médiocre que se développe le chevelu ou les petites ra-cines si nécessaires, si indispensables à toute végéta-tation. Pour les arbres à racines pivotantes, à moins que le sous-sol ne soit *excessivement* dur, les racines y pénétreront toujours facilement. Du reste, lors même qu'elles ne s'y enfonceraient qu'avec peine, cela n'en vaudra souvent que mieux; car, en se ramifiant davan-tage, elles seront moins volumineuses, plus nombreuses et mieux garnies de chevelu, toutes circonstances qui faciliteront la reprise des jeunes arbres lorsque plus tard ils devront être transplantés. Je sais très-bien que la végétation est généralement plus belle sur un terrain bien-défoncé. Mais lorsque le terrain est bon de sa nature, il vaut mieux le niveler d'abord à la superficie, c'est-à-dire le cultiver sans défoncement pendant quel-ques années; par ce moyen, en le défonçant plus tard, on est assuré d'avoir au même endroit un terrain neuf.

Avant de commencer les travaux, soit de labour, soit de défoncement, le plan adopté pour la pépinière aura dû être préalablement bien arrêté. La place des grandes

allées sera marquée d'avance, afin de ne pas les défoncer : ce serait un travail en pure perte et même nuisible, puisqu'on rendrait mobiles certaines parties qui ne
sauraient, au contraire, être trop solides ; d'un autre
côté, on pourra creuser ces allées et en utiliser la
bonne terre pour relever certaines parties qui pourraient
se trouver trop basses, ou bien l'employer comme amen-
dement sur des parties de terrain de moins bonne qualité.
Les tranchées provenant de cette opération seraient
comblées par les mauvaises terres retirées d'ailleurs, ou
par les pierres et autres immondices qu'on rencontre
toujours dans les travaux de défoncement. Si le terrain
offre des inégalités qu'il soit utile de faire disparaître,
soit qu'on veuille le rendre tout à fait horizontal, soit,
au contraire, qu'on veuille lui donner une pente régulière, pendant l'exécution de ces travaux de terrasse-
ment il sera très-facile d'ôter de la terre là où elle est
de trop, pour la reporter là où il en manque.

Lorsque tous ces travaux sont terminés, le terrain étant
défoncé ou labouré, il reste à en opérer le tracé, c'est-à-
dire la distribution en planches ou en carrés. Dans les
exploitations d'une certaine étendue, on préfère généralement cette dernière disposition, à cause de la grande
économie de terrain qu'elle procure ; cependant, lorsqu'il
y a beaucoup de détails, on a souvent intérêt à multiplier
les petites allées de séparation. Le but en vue duquel la
pépinière est établie, les conditions dans lesquelles on
se trouve, font, du reste, adopter l'une ou l'autre, ou
mieux, l'une et l'autre de ces deux distributions. Ainsi,
suivant l'usage auquel on destine le terrain, si l'on admet la division par planches, celles-ci pourront être
larges de $1^m,60$ à 2 mètres, et les petites allées de service, de $0^m,70$ à $0^m,80$; les allées principales pourront

avoir de 1^m,50 à 2 mètres de largeur, quelquefois plus. Si le terrain est d'une très-grande étendue, on y tracera une allée transversale *charretière*, dans laquelle un cheval attelé à sa voiture pourra passer, soit pour amener les fumiers, les terres et les engrais, soit pour enlever les produits. Les petites allées devront aboutir aux allées moyennes, et celles-ci aux allées charretières, comme le montre la figure 1. Quant à la disposition intérieure, soit des planches, soit des carrés, leur direction, leur grandeur et leur forme, tout cela sera déterminé par l'emplacement et la position du terrain. A chaque extrémité et au centre de l'allée principale, des espaces libres de forme ronde ou autre, en cercle au milieu et en demi-cercle aux extrémités, seront ménagés, ainsi que le démontre la figure. Ces espaces, qui au besoin pourront être utilisés momentanément comme dépôts, sont indispensables pour que le cheval puisse tourner avec sa voiture, et la forme circulaire est aussi celle qui offre le plus de facilité dans cette circonstance. Les bords de cette grande allée, disposés en plates-bandes, pourront être employés, soit à recevoir la collection d'arbrisseaux et d'arbustes destinés à servir de *mères*, soit en y plaçant, à des distances plus ou moins éloignées, les arbrisseaux ou arbres qui doivent servir de *porte-graines* ou de *porte-greffes*. Un peu de symétrie, et même de coquetterie, est nécessaire dans cette distribution de la pépinière ; le travail en est toujours plus attrayant et souvent aussi plus facile, le coup d'œil en est beaucoup plus agréable sans que le produit en soit diminué.

Dans la figure 1, le n° 1 indique l'allée principale ou charretière.

Le n° 2 indique les espaces laissés libres pour servir

de dépôts momentanés pour le fumier, les terres ou les marchandises. Ils sont indispensables, surtout si l'allée est longue; car celle-ci n'étant pas assez large

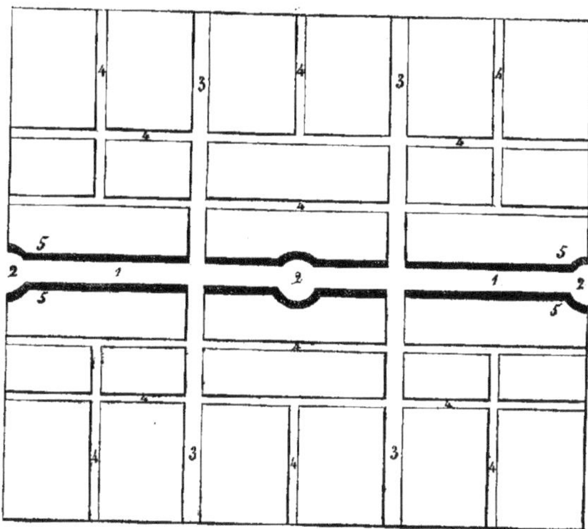

EXPLICATION DE LA FIG. 1.

1 Allée principale ou charretière.
2 Emplacement libre.
3 Allées moyennes.
4 Petites allées de service.
5 Plate-bande bordant l'allée principale.

pour qu'un cheval attelé à une voiture puisse y tourner, si ces espaces réservés manquaient, on serait forcé de conduire le cheval au bout de l'allée pour prendre une direction opposée, ce qui occasionne une perte de temps souvent regrettable.

Le n° 3 indique les allées moyennes correspondant à l'allée principale, et dans lesquelles doivent tomber toutes les petites allées de service n° 4.

Le terrain représenté figure 1 est un rectangle ; la figure 2 en représente un autre ayant la forme d'un

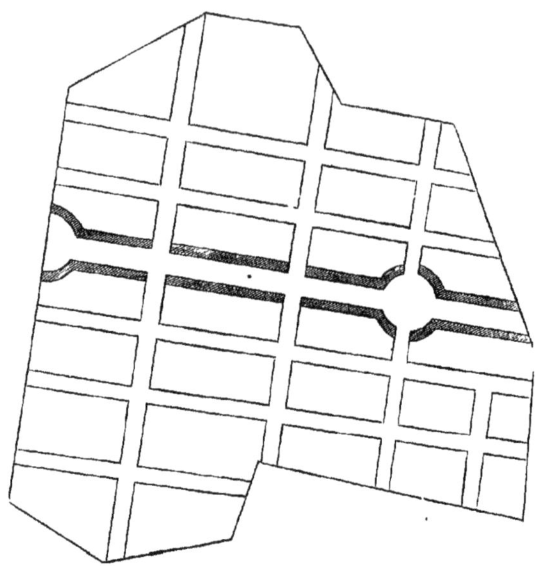

Fig. 2. — Terrain en polygone irrégulier.

polygone irrégulier. Ainsi on rejettera sur les côtés les parties sinueuses ou anguleuses, de manière à ce que l'intérieur offre à peu près la même régularité que dans la figure précédente : c'est ce que démontre la figure 2.

Il n'est pas nécessaire de répéter l'explication des divisions ; elles sont les mêmes que dans la figure 1. Toutes

les allées de service correspondent, comme on le voit,
à l'allée principale.

Lorsqu'une pépinière est créée dans le but de l'exploi-
ter sans avoir égard à la forme extérieure du terrain,
c'est-à-dire à son contour, toutes les parties intérieures
doivent être divisées par des lignes droites; car cette
forme est en même temps la plus avantageuse pour le travail, et celle qui occasionne le moins de perte de terrain.

Le plan d'une pépinière modèle, avec l'habitation
principale et les diverses constructions nécessaires pour
son exploitation, trouvera sa place plus loin.

II. — *De l'eau.*

On l'a dit souvent, et nous croyons devoir le répéter :
sans eau, pas de jardinage possible. Ceci ne s'applique
pas aux lambeaux de pépinières épars dans les champs.
On choisit autant que possible, pour ces derniers, le temps
le plus convenable pour en effectuer la plantation, et les
plants qu'on leur confie sont ordinairement forts et *peu*
délicats. Mais là où l'on veut établir une pépinière proprement dite, c'est-à-dire multiplier les arbres par les semis, boutures et couchages, en un mot pratiquer tout
ce qui se rattache à la multiplication, l'eau est d'une *indis-
pénsable* nécessité. Il ne suffit pas non plus d'avoir de l'eau
sur un seul point; il faut, autant que possible, qu'elle soit
répartie sur toute l'étendue de la pépinière. Rien de plus
facile, si l'eau existe sur une des parties les plus élevées
du terrain; il n'y a qu'à poser des tuyaux ou à ouvrir des
rigoles par où elle puisse se rendre dans des tonneaux
ou des bassins disposés à cet effet. Mais dans le cas contraire, c'est-à-dire si l'on ne peut avoir de l'eau que dans

quelques parties seulement de la pépinière, on les réservera, ainsi que celles qui leur sont contiguës, pour tout ce qui a rapport à la multiplication, semis, repiquages, couchages, etc. S'il n'existe dans le voisinage ni source ni cours d'eau, et que l'on soit forcé d'y ouvrir un puits, il devra être creusé dans la partie la plus élevée de l'exploitation, afin qu'à l'aide de conduits et de tonneaux l'eau puisse arriver partout où son emploi sera jugé nécessaire. Si le puits est profond, et que l'extraction de l'eau en soit pénible, une pompe ou, ce qui vaut mieux encore, un manége desservi par le cheval de la maison, animal indispensable dans une pépinière de quelque importance, sera établi à l'orifice du puits. Si, par suite des circonstances locales, le puits ne pouvait être creusé dans l'endroit le plus élevé, on pourrait encore remédier à cet inconvénient en élevant le réservoir principal, celui dans lequel l'eau est versée en sortant du puits ; car il faut toujours, et c'est même une condition indispensable, que ce réservoir soit établi sur le point le plus élevé du terrain.

III. — *Arrosements.*

Suivant les diverses circonstances, les arrosements se pratiquent avec des arrosoirs, soit à pommes munies de trous de diamètres différents, soit à un simple goulot sans pomme ni bec ; dans certains cas encore, l'eau est répandue par la gueule de l'arrosoir, c'est-à-dire par l'ouverture qui sert à y introduire l'eau ; mais, dans les pays méridionaux, les arrosements à bras pouvant devenir insuffisants, on pratique l'irrigation directe. Ce procédé, qui consiste ordinairement à submerger entièrement le terrain, ne peut être employé que lorsque l'on dispose

d'une grande quantité d'eau ; il n'est, par conséquent,
possible que dans le voisinage d'une rivière ou de quelque cours d'eau assez considérable, d'un niveau supé-
rieur à celui de la pépinière. L'irrigation peut se pratiquer de deux manières : elle peut être ou *complète* ou
partielle ; complète, si le terrain est entièrement sub-
mergé et que l'eau en recouvre toute la surface ; *partielle,* si elle n'en baigne au contraire que certaines parties. Dans le premier cas, l'opération consiste à laisser
couler sur la surface à arroser une certaine quantité
d'eau ; mais alors le terrain doit être disposé par carrés,
séparés par de petites digues, et chacun de ces carrés
doit être à peu près de niveau, afin que l'eau puisse le
recouvrir entièrement et le plus régulièrement possible.
Le point par lequel l'eau est introduite doit être un peu
plus élevé que le terrain ; le sol à irriguer doit avoir une
certaine pente, à la vérité très-faible, pour que l'eau
puisse s'étendre plus promptement sur toutes les parties
à la fois. S'il s'agit d'arroser des plantes délicates, qui
ne doivent recevoir d'eau qu'à leurs racines, on pratique
l'irrigation partielle, et voici en quoi elle consiste : On
élève, et toujours dans un carré à peu près de niveau,
de petits ados, en prenant la terre de chaque côté, ce qui
forme le long de ces ados une sorte de petite rigole dans
laquelle l'eau se répand, et sur le bord desquels on plante
ou l'on repique les plants, de manière que l'eau en passant
dans ces rigoles n'en baigne que les racines. Dans l'un ou
l'autre de ces deux modes d'irrigation, lorsque le terrain
est suffisamment mouillé, on ferme les ouvertures prati-
quées pour l'entrée de l'eau. Pendant tout le temps que
dure l'irrigation, la présence continuelle d'un ouvrier
est indispensable pour la répartition de l'eau ; car le terrain a beau être bien nivelé, sans une surveillance atten-

tive certaines parties seraient saturées d'eau avant que
d'autres en reçussent une goutte. Pour éviter cet inconvénient, l'homme qui surveille l'opération, au moyen
d'une bêche ou d'une houe, bouche les ouvertures là où
le terrain est suffisamment arrosé, en même temps qu'il
en ouvre d'autres pour faire passer l'eau là où sa présence
est réclamée.

Pour faire mieux comprendre ce travail, les fig. 3 et 4
représentent le plan de deux carrés disposés pour être
mouillés par irrigation. Dans le premier (fig. 3), l'irrigation

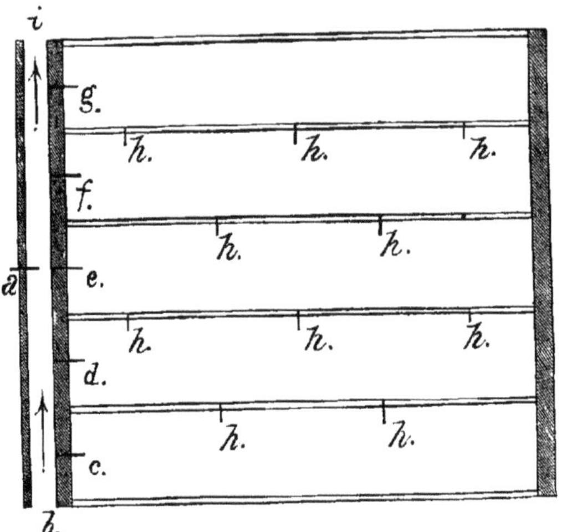

Fig. 3. — Plan d'une irrigation complète.

devra être *complète* ; il est disposé par bandes unies, assez
larges, séparées entre elles par de petits ados ou sen-
tiers représentés par les deux traits ; ces bandes devront
être mouillées en *plein* ou à *blanc*, et l'eau devra, par

conséquent, en recouvrir entièrement la surface. Dans
le deuxième (fig. 4), où l'irrigation ne sera que *partielle*,

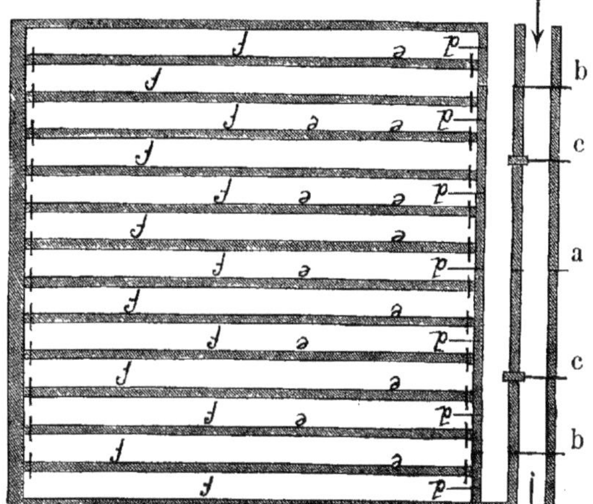

Fig. 4. — Plan d'une irrigation partielle.

le terrain est disposé en ados, et les intervalles ou rigoles
doivent seuls être arrosés. Dans la figure 3, *a* est le conduit par lequel l'eau arrive, et sa direction est marquée
par les flèches ; elle entre par le point *b*. On fait dans la
digue, au point *c*, une ouverture, par où l'eau sort pour
se répandre dans le carré ; mais en même temps que
cette ouverture est pratiquée, on bouche en tout ou en
partie le conduit *a*. Lorsque cette première partie est
suffisamment arrosée, on bouche l'ouverture *c*, puis on
en ouvre une autre en *d*, puis en *e*, etc. Mais si l'eau est
abondante, on ouvre tous ces points à la fois ; on peut
même, pour hâter et régulariser la répartition de l'eau,
ouvrir sur plusieurs points, en *h h h*, par exemple, les

2.

petites digues qui séparent les carrés les uns des autres;
l'on peut aussi, et pour ne pas pratiquer d'ouvertures
dans la digue principale, établir dans celle-ci, et de distance en distance, de petites vannes pouvant être ou-
vertes ou fermées à volonté, et creuser tout près du conduit principal, et parallèlement à lui, un autre conduit
dans lequel l'eau se jettera d'abord, et où l'on pourra
également à volonté multiplier les ouvertures, ainsi que
le représente la figure 4. Dans cette figure, l'eau suit la
même direction que dans la précédente ; elle entre par
le conduit principal a, passe dans le conduit secondaire
b, par les vannes $c\,c$, puis entre dans le carré par les
ouvertures $d\,d\,d$, etc., établies dans la digue; elle se
répand ensuite dans les intervalles ou rigoles $ffff$, placées entre les ados $e\,e\,e\,e$. C'est de chaque côté de ces
ados et sur les bords que devront être repiqués les plants
dont les racines seulement se trouveront baignées par
l'eau qui passera dans les rigoles. Afin d'établir une communication plus prompte entre toutes les parties, on
pratiquera de petites ouvertures dans les ados et à leur
extrémité, ou au point indiqué sur le plan par un trait.
On doit, comme dans le cas précédent, surveiller le travail avec beaucoup de soin, afin de boucher, au fur et à
mesure du besoin, les parties suffisamment arrosées. Suivant la température locale, la sécheresse du climat, la
nature du sol et celle des plantes, l'irrigation pourra être
répétée plus ou moins souvent. Le lendemain ou sur-
lendemain, un binage sera toujours donné, pour ouvrir
la terre battue par l'irrigation.

On comprend que ce mode d'arrosement n'est pas
exempt d'inconvénient ; il bat la terre, qui se fend presque aussitôt que l'eau est retirée et que le soleil l'a frap-
pée, ce qui rend nécessaires de fréquents binages ; aussi

sous les climats secs et brûlants les semis doivent, autant que possible, être faits dans des endroits ombra-
gés, et être mouillés avec des arrosoirs à pommes.

IV. — *Des engrais.*

Bien que les arbres, généralement beaucoup plus rustiques que les plantes herbacées, surtout ceux de quelques espèces, puissent, dans quelques cas, croître et
pousser dans des terres maigres et pauvres, ils végé-
teront cependant beaucoup mieux (du moins pour le
plus grand nombre) dans une terre de bonne qualité et
bien fumée; leur végétation, plus rapide, est aussi beaucoup plus belle. Le cultivateur a presque toujours intérêt à les élever dans ces conditions; pour la plupart
des arbres fruitiers, il n'y a, pour ainsi dire, pas moyen
de réussir autrement. L'époque où il convient de fumer
le sol destiné à une pépinière est généralement déterminée par celle où le terrain est disponible. C'est ordinairement par là que l'on commence lorsqu'on laboure
pour planter, à moins que le terrain ne soit très-bon, et
qu'il n'ait été largement fumé depuis peu. Lorsqu'il est
nécessaire de donner une fumure, on peut ne pas mettre d'engrais aux places où doivent être faits des mélanges de terres, ou bien à celles qu'on réserve pour
placer les plantes en pots sous divers abris, et enfin là
où doivent être situées des plates-bandes de terre de
bruyère, cette dernière ne devant jamais être fumée.
Quant à la nature du fumier, on suit dans la pépinière la
règle générale; c'est-à-dire que si le terrain est sec et
brûlant, on emploie du fumier de vache; s'il est au contraire froid et humide, on préfère le fumier de cheval.

CHAPITRE IV.

**Outils, ustensiles et objets accessoires, nécessaires
à l'exploitation d'une pépinière.**

Les outils dont on se sert dans les pépinières, soit
comme instruments aratoires servant à travailler la terre,
soit au contraire comme outils ou instruments tranchants
pour travailler les arbres, sont très-variables dans
leurs formes et leurs dimensions. Ils sont assez connus des cultivateurs de profession, mais ce traité s'a-
dresse à tout le public; il peut et doit servir à guider
des personnes étrangères *au métier*. Les détails de description absorberaient trop d'espace; il suffira d'énumérer ces divers objets. On peut consulter pour plus
ample information les ouvrages spéciaux, tels que les
Figures du *Bon Jardinier* et le *Manuel* de Boitard.

Pour établir un certain ordre dans cette énumération,
elle doit être divisée en trois catégories, dont chacune
est basée sur l'usage des outils et instruments. L'ordre
alphabétique, facilitant les recherches, est adopté pour
les noms compris dans chaque division.

Première catégorie. — Elle comprend tous les outils
et ustensiles dont on se sert, soit pour défoncer, labourer la terre, la nettoyer ou la mettre *en état*, soit pour
la dresser, la niveler, et y tracer les divisions lorsqu'elle
est labourée. Ces instruments sont connus sous les noms
de :

*Bêche, binette, brouettes à coffres, chaîne, charrue,
claies* pour passer les terres, *cordeau, crible* en osier,
fourche en fer, *herse, houes fourchues* et autres, *hou-
lette, hoyau* ou *piochon, mètre, niveau, pelle* en bois
et en fer, *pioche* ou *tournée ordinaire* et *piémontaise,
plantoir, râteaux* de différentes grandeurs, *ratissoires* à
pousser et à tirer, *rouleau, serfouette, traçoir, trident.*

Deuxième catégorie. — Celle-ci comprend tous les
outils et ustensiles spécialement usités pour la multiplication, l'éducation et la conservation des végétaux ; ce
sont les

*Caisses, châssis, cisailles, coffres, croissant, échenil-
loir, émondoir, greffoir, lampe portative* pour greffer,
marmite pour faire fondre la cire, *paillassons, plane,
pots, scies ordinaires* et *scies à main* de diverses formes
et grandeurs, *sécateur, seringue, serpe, serpettes* de
diverses grosseurs, *serre à multiplication, tenailles,
thermomètres, terrines, tuteurs.*

Troisième catégorie. — Elle comprend quelques outils tranchants et autres, ainsi que les divers ustensiles
dont on peut souvent avoir besoin dans diverses opérations du ressort du pépiniériste ; tels sont les

Avant-pieux en fer, *batte, barre, brouette à civière,
civière, chevalet, cognée, croc* en fer pour le fumier,
échelles de diverses formes et grandeurs, *hachette,
hotte, marteaux* en fer, *maillet, pince* ou *levier* en fer,
pompe à seringuer, van.

Accessoires.—*Cheval, tombereau et voiture pour cheval, voiture à bras.*

Les outils, instruments et ustensiles dont l'énumération précède ne sont pas tous indispensables ; mais *tous*
sont plus ou moins utiles, et peuvent être considérés
comme constituant à peu près le matériel d'une pépi-

nière bien organisée, quoiqu'on puisse cependant en
grossir la liste, ce qui toutefois ne servirait qu'à augmenter le matériel, sans qu'il en résultât aucun avantage quant à l'exécution des travaux.

CHAPITRE V.

Organisation d'une pépinière.

Ce chapitre est consacré à passer en revue les principaux points sur lesquels doit surtout se porter l'attention ; c'est, on peut le dire, la base de l'exploitation. En décrivant chacun d'entre eux, les moyens d'exécution les plus convenables seront indiqués, ainsi que l'ordre à observer dans la tenue d'un établissement de pépiniériste.

I. — *Clôtures.*

Très-souvent une pépinière est établie sur un terrain nu, et généralement sans aucune clôture ; une des premières choses à faire est donc de la mettre à l'abri de tout dégât de la part des gens ou du bétail, en un mot, de la préserver des déprédations de toute espèce. Les *murs*, les *haies mortes*, les *haies vives* et les *fossés* sont en usage pour cette destination. Voyons quels sont les avantages et les inconvénients que présentent chacun de ces modes de clôture pour la pépinière.

Au point de vue de la solidité et de la sûreté, les *murs* paraissent être le moyen de clôture le plus avantageux ; car, indépendamment de leur supériorité sous ces deux rapports, ils offrent un meilleur abri, et peuvent protéger des plantes délicates, soit contre le froid, soit contre le soleil. Ils pourront encore servir très-avantageusement pour l'éducation des arbres fruitiers ; la valeur des fruits qu'on y pourra récolter compensera une partie des frais d'établissement. Les clôtures maçonnées ont bien pourtant aussi quelques inconvénients, car elles intercceptent l'air et la lumière, éléments de vie si nécessaires à la végétation arborescente, et, d'un autre côté, la dépense de leur construction absorbe des capitaux dont le pépiniériste ne peut pas toujours disposer lorsqu'il commence un établissement. Les *haies mortes* sont très-promptement établies et très-peu dispendieuses, mais elles sont aussi d'une courte durée ; elles n'offrent par conséquent qu'un abri momentané et peu solide. Les *haies vives*, préférables aux haiés mortes, mettent souvent un temps fort long avant d'arriver à un état de défense à peu près satisfaisant ; elles ont besoin d'être garanties elles-mêmes pendant plusieurs années. L'essence qui paraît la meilleure, c'est-à-dire la plus défensive, et qui se dégarnit le moins à sa base, est l'Épine blanche (*Cratægus oxyacantha*) ; mais il lui faut souvent huit ou dix ans avant d'être défensive. D'autres essences, le *Robinia Pseudo-acacia* par exemple, les Féviers, diverses épines, peuvent aussi constituer des haies de clôture ; dans certaines localités, le *Maclura aurantiaca* sert au même usage. Ces différentes espèces offrent l'avantage d'être de bonne défense, et peu exigeantes quant à la qualité du terrain ; elles poussent d'ailleurs avec une très-grande rapidité, mais elles ont comme tous les arbres l'inconvénient de se dégarnir promptement de la base, et il faut en tailler sévèrement le dessus, si l'on ne veut pas les voir dénudées en très-peu de temps. Une des plantes à la fois les plus jolies et les plus défensives pour planter une haie, c'est le houx commun (*Ilex aquifolium*) ; mais malheureusement le houx pousse très-lentement, et il lui faut de longues années pour pouvoir servir de défense. On peut aussi, et souvent avec beaucoup d'avantage, employer pour haies de clôture l'Épine-vinette commune (*Berberis vulgaris*) et l'Ajonc (*Ulex Europæus*). Ces plantes se ramifient très-bien, sont d'un aspect assez agréable, et en même temps d'assez bonne défense. Une autre plante qui pourrait encore être avantageuse, et qui jusqu'à ce jour n'a pas été employée, est le Chalef argenté, ou Olivier de Bohême (*Elæagnus angustifolia*). Cette espèce semble présenter tous les avantages recherchés; en effet, avec une croissance vigoureuse, elle ne craint pas la sécheresse, pousse dans les plus mauvais terrains, supporte très-bien la taille, et lorsqu'elle est taillée, elle se ramifie beaucoup; l'arbuste est aussi plus épineux; ajoutons encore que la couleur de son feuillage, d'un blanc argenté, produit un très-bel effet. Une autre espèce très-voisine de cette dernière, qui offre à peu près les mêmes avantages, est l'Hippophaé rhamnoïde (*Hippophæ rhamnoides*). Mais si les haies vives laissent passer l'air, avantage que n'ont pas les murs, en revanche les plantes sauvages dont leur pied est le plus ordinairement garni servent de retraite aux insectes, aux limaçons et aux limaces; de plus, elles occasionnent une assez grande perte de terrain, car il est impossible de cultiver jusqu'au pied de la haie.

Il me reste à dire un mot des fossés, très-dispendieux non pas à établir, mais par la perte considérable de terrain qu'ils occasionnent; car, pour être défensifs, ils doivent être larges et profonds. Les fossés, comme moyen de clôture, ne doivent donc être adoptés que quand le terrain est frais, afin de l'assainir. Dans ce cas, il en résultera un autre avantage : l'eau qui s'écoule du terrain et tombe dans le fossé rend celui-ci plus difficile à franchir.

De tout ce qui précède, on peut conclure que les murs sont, à tout prendre, la meilleure clôture, mais que néanmoins, dans certaines circonstances, ces avantages peuvent être modifiés au point de faire adopter préférablement un autre moyen. Par exemple, suivant que, dans une localité, les pierres et le plâtre seront plus ou moins chers, l'on pourra admettre ou rejeter les murs. Une condition devra toujours les faire rejeter : c'est quand le pépiniériste sera seulement locataire et non propriétaire du terrain, à moins que le sol ne soit loué pour un temps assez long, et que le propriétaire ne consente à supporter une grande partie des frais de construction.

II. — *Abris* ou *brise-vents.*

Les abris ou brise-vents sont indispensables dans les pépinières, tant pour garantir les plantes de l'ardeur du soleil que pour préserver du froid certaines espèces pendant l'hiver. Suivant la position et la configuration du terrain, leur direction peut varier ; presque toujours ils doivent être disposés de l'est à l'ouest. Suivant les circonstances locales, les brise-vents pourront obliquer soit au nord, soit au sud, et arriver ainsi à se trouver en ligne droite avec ces deux points ; car les conditions climatologiques sous l'empire desquelles le pépiniériste opère, les causes environnantes, comme le voisinage d'une montagne, d'un bois, d'une rivière, d'un lac, de grandes constructions, pourront faire dominer certains vents plus ou moins pernicieux, et dont on devra par conséquent garantir les plantes. Après avoir arrêté la disposition des brise-vents, il reste à déterminer les espèces dont on peut les composer. Certaines essences peuvent être adoptées préférablement à d'autres ; elles doivent même nécessairement varier suivant la nature du sol et celle du climat sous lequel est placée la pépinière. En général, on emploie pour les plantations servant d'abris, des arbrisseaux toujours verts, ou des arbres à feuilles persistantes. Mais ces arbrisseaux étant pour la plupart très-lents à croître, quand les abris ne sont destinés qu'à préserver les plantes pendant l'été contre l'ardeur du soleil, le choix est libre parmi les arbres à feuilles caduques, dont la végétation est belle et rapide, qui ne se dégarnissent pas trop de la base, et dont le port et le feuillage ont un aspect suffisamment ornemental. Une autre considération n'est pas moins importante : il ne faut pas que les arbres plantés pour servir d'abris aient des racines trop développées qui viendraient, comme on dit, *manger la terre*, même celles des plantes mises en pots. Sous ce rapport, trois espèces appartenant au genre *Tamarix* réunissent à peu près toutes ces qualités : ce sont les *Tamarix tetrandra, gallica* et *indica*. Ces arbres, en effet, peu difficiles sur le terrain, d'une rusticité à toute épreuve, d'une croissance très-rapide, supportent sans paraître en souffrir les sécheresses les plus prolongées, et paraissent redouter peu l'excès d'humidité ; ils donnent très-peu de racines, qui sont d'ailleurs grêles et peu ramifiées ; ils supportent très-bien la taille. Ils se recommandent en outre par leur élégant feuillage et le nombre de leurs rameaux légers formant des panaches du plus gracieux effet, ainsi que par leurs fleurs d'un rose plus ou moins foncé, quelquefois carnées ou presque blanches, et dont les épis ou panicules racémiformes présentent l'aspect le plus agréable. Celles de la première espèce s'épanouissent en avril et mai ; celles de la deuxième, en mai et juin ; celles de la troisième, à la fin de l'été et dans le courant de l'automne. Les Tamarix reprennent très-facilement de boutures. On donne à ces dernières 0^m,20 ou 0^m,25 de longueur; on les plante depuis novembre et décembre jusqu'en février; elles peuvent former dès la même année des arbustes de 1 à 2 mètres de hauteur. La distance à mettre entre ces boutures, lorsqu'on en forme des abris, est d'environ 0^m,12, quand l'abri est composé d'une rangée simple; l'espacement est double si l'abri comprend deux rangées. Dans ce cas, les boutures de Tamarix sont disposées en échiquier; on les arrête pour les faire ramifier, c'est-à-dire qu'on les taille à la partie supérieure lorsqu'ils ont environ 0^m,40 à 0^m,50 de hauteur. Des treillages garnis de vignes, quelquefois même des contre-espaliers d'arbres fruitiers, peuvent remplir les fonctions d'abris à l'égard des plantes qui veulent seulement être ombragées; on obtient ainsi l'ombre nécessaire aux jeunes arbres pendant l'été, et, ce qui n'est pas moins agréable, des fleurs au printemps et des fruits en automne.

Les arbrisseaux à feuilles persistantes sont cependant, ainsi qu'on l'a dit tout à l'heure, les plus communément employés pour la formation des abris. Les plus propres à cet usage sont fournis par les Conifères, et on emploie spécialement le *Biota orientalis* lorsque le terrain est léger, chaud, et un peu calcaire. Dans des localités où le terrain est plus frais et plus argileux, le climat plus brumeux, on emploie avec grand avantage le *Thuia occidentalis,* beaucoup plus rustique. L'If commun (*Taxus baccata*) est aussi très-précieux comme abri; son feuillage très-fourni et d'un vert intense, qui tire même sur le noir, la docilité parfaite avec laquelle il se prête à la taille, en font une des espèces les plus convenables pour les plantations en haies servant d'abri.

Le seul reproche qu'on puisse lui faire, c'est de pousser un peu lentement. Quelquefois aussi on emploie au même usage la Pesse commune (*Picea excelsa*), vulgairement *Épicéa;* mais comme cet arbre tend sans cesse à s'élever, il se dégarnit assez promptement de la base, pour peu qu'on néglige d'en tailler souvent le sommet. Le Genévrier de Virginie (*Juniperus virginiana)* est aussi quelquefois employé en qualité d'abri ; dans certains terrains il produit un assez bon effet. Dans plusieurs cantons du midi de la France, on se sert avec avantage du Cyprès pyramidal (*Cupressus fastigiata*).

Parmi les arbrisseaux à feuilles persistantes, mais qui n'appartiennent pas au groupe des végétaux conifères, on utilise pour la même destination le Buis commun (*Buxus sempervirens*), le Chêne vert (*Quercus ilex*), le Houx, le *Buplevrum fruticosum*, le *Rhamnus oleifolius*, l'*Aucuba japonica*, le Fusain du Japon (*Evonymus japonica*). Ces derniers devront être employés lorsqu'on n'aura besoin que d'abris de petites dimensions, car ce sont des arbrisseaux d'une taille généralement au-dessous de la moyenne. Dans certains endroits, on pourra planter comme abris les *Prunus Lauro-cerasus, colchica* et *lusitanica*. Dans certaines localités, on plantera parmi les végétaux à feuilles semi-persistantes, pouvant former d'assez bons abris, le *Rhamnus hybridus*, les *Ligustrum japonicum, glabrum* et *vulgare*. Dans quelques localités privilégiées du sud et du sud-ouest de la France, on pourra planter pour la même destination l'Alaterne (*Rhamnus Alaternus*), l'Arbousier (*Arbutus Unedo*), le Laurier-Tin (*Viburnum Tinus*), et une foule d'autres du même caractère.

La largeur de l'espace à réserver entre les lignes d'abris peut varier un peu, suivant leur destination ; mais

elle ne devra jamais être au-dessous de 2 mètres d'une
ligne d'arbres à l'autre, car un sentier de service doit
toujours être pris sur cette largeur. Si l'on n'est pas
dans la nécessité de trop ménager le terrain, il vaudra
donc beaucoup mieux leur donner plus de largeur, afin
d'éloigner un peu les plantes des lignes d'arbres qui
composent les abris. S'il était possible de les faire plus
larges encore, et d'avoir un petit sentier tout autour des
planches, cette disposition serait de beaucoup préférable.

III. — *Des étiquettes.*

La mémoire la plus heureuse serait insuffisante pour
se rappeler tous les détails, toutes les complications qui
résultent de la culture et de la multiplication des végétaux en pépinière, le nom des espèces et des variétés,
la place précise occupée par chacune d'elles, etc., etc.
Alors même qu'on pourrait s'en souvenir, il y a beaucoup d'espèces, et surtout de variétés, qui ont entre
elles les plus grands rapports de ressemblance, dont
l'aspect, le port et le feuillage sont souvent à peu près
identiques, et dont les caractères distinctifs, résidant
presque uniquement dans la fleur, ne sont visibles que
lorsque celle-ci est épanouie. Il faut donc nécessairement leur attacher un signe qui puisse les faire reconnaître à toutes les époques de l'année. Rien n'est plus
facile que d'aider la mémoire au moyen d'un numéro
attaché à chaque plante : ce numéro correspond au
même chiffre d'un catalogue où sont consignés le nom
et les particularités de chaque série de végétaux élevés
en pépinière. On voit qu'un ou plusieurs catalogues,
selon les circonstances, sont tout à fait indispensables.
Mais, indépendamment des catalogues, il y a encore

dans la fixation des numéros un certain ordre à suivre
qui en rend l'usage plus facile, et c'est ce dont il est
bon de se rendre compte. Les espèces et variétés faciles
à distinguer, et qui ne peuvent dans aucun cas être con-
fondues avec d'autres, pourraient à la rigueur se passer
de numéros; cependant il est beaucoup plus sûr de leur
en donner, et de ne pas se fier uniquement à sa mémoire,
que mille circonstances peuvent mettre en défaut.

Les plantes élevées dans les pépinières pouvant changer de place tous les ans, on doit en faire le relevé
chaque année sur le catalogue. Nous appellerons celui-ci
Catalogue courant. Il faut dresser en outre un catalogue
particulier sur lequel sont inscrites toutes les plantes de
quelque importance admises dans la pépinière, et sur
lesquelles on pourrait avoir besoin plus tard de divers
renseignements particuliers; un numéro indique le nom
sous lequel on les reçoit, leur origine, l'époque de leur
réception, et les particularités qui s'y rattachent. Ce numéro est ensuite fixé à la plante par un fil de fer galvanisé,
pour en augmenter la durée. Si plus tard on veut avoir
des renseignements sur cette plante, on n'a qu'à prendre son numéro et à se reporter au même numéro du
catalogue, auquel nous donnons le nom particulier de
Catalogue de souche.

Mais indépendamment de ces catalogues, il en faut
chaque année deux nouveaux, l'un pour les semis,
l'autre pour les greffes. Voici comment on dresse ces
deux catalogues : sur des morceaux de plomb dont la
figure ci-contre montre la forme, on inscrit d'abord le
dernier chiffre de l'année, puis à côté, mais dans un sens
différent, le numéro qui correspond au catalogue; ce
numéro est suivi de la lettre S, s'il se rapporte à un
semis, ou de la lettre G, s'il se rapporte à une greffe.

Quant au *Catalogue de souche,* on inscrit d'abord les deux initiales *C. S.*, qui signifient *Catalogue de souche,* et immédiatement au-dessous le numéro correspondant à ce même catalogue. Les figures 5 à 9 donnent une idée exacte des applications de cette méthode.

FIG. 5. — Étiquette d'un semis fait en 1852 , n°8.

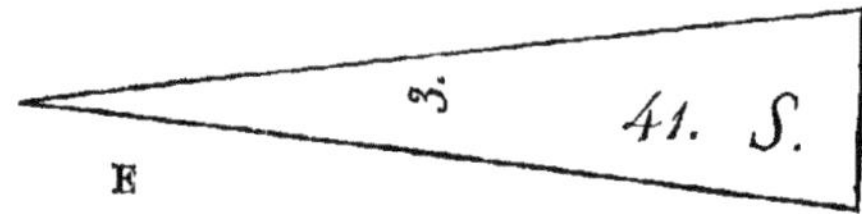

FIG. 6. — Semis fait en 1853, n° 41.

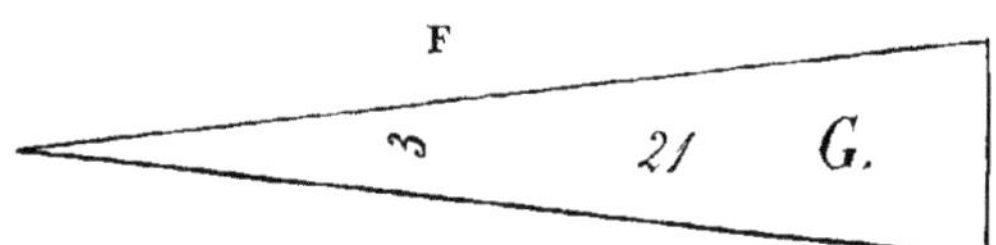

FIG. 7. — Greffe faite en 1853, n° 21.

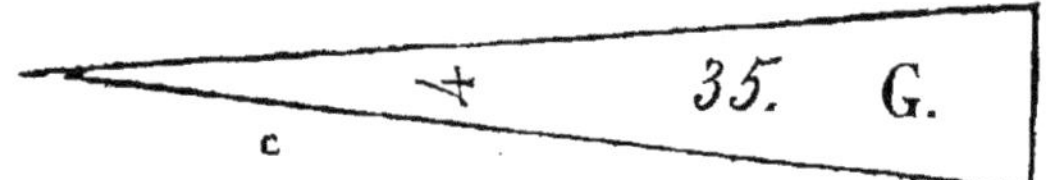

FIG. 8. — Greffe faite en 1854, n° 35.

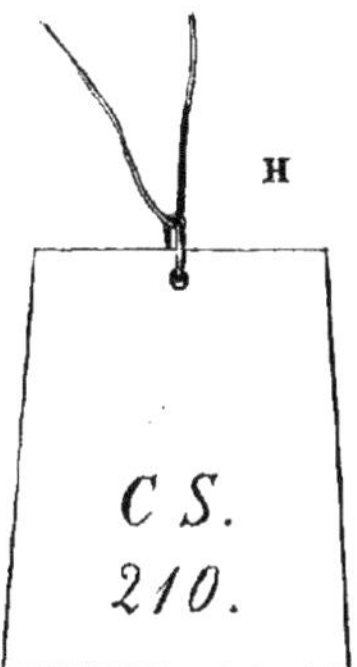

Fig. 9. — Étiquette renvoyant au n° 210 du Catalogue.

EXPLICATION DES FIGURES 5 à 9.

La figure 5 montre qu'il s'agit d'un semis fait en 1852 sous le numéro 8 du catalogue ; la figure 6, que le numéro désigne également un semis, mais fait en 1853 sous le numéro 41 ; la figure 7, qu'il est question d'une greffe faite en 1853 sous le numéro 21, et la figure 8, qu'il s'agit encore d'une greffe, mais faite en 1854 sous le numéro 35. Enfin la figure 9 indique qu'il faut recourir au numéro 210 du catalogue de souche, sous lequel la plante a été inscrite, et où par conséquent se trouvent consignés les renseignements dont on peut avoir besoin à ce sujet. Tous les détails qui précèdent, ainsi que l'ordre indiqué, peuvent paraître inutiles et superflus pour une petite exploitation ; ils sont au contraire d'une rigoureuse nécessité dans une pépinière de quelque importance. On peut dire que, dans une partie de ces établissements, le vice radical est trop souvent le défaut d'ordre. Nous devons encore faire observer qu'il ne faut jamais jeter les vieux catalogues, même lorsqu'on suppose ne plus en avoir besoin, car très-souvent encore ils sont nécessaires, soit pour se rappeler l'époque de l'exécution de certains travaux, soit pour tout autre genre de recherches.

IV. — *Carré des semis.*

Ce carré est exclusivement réservé pour les divers semis, ce qui permet de réunir sous la main ces petits végétaux encore si délicats, qui ont constamment besoin, sinon de soins importants, du moins d'une surveillance de tous les jours. Ce carré doit par ce motif être placé près de l'habitation principale, afin que le pépiniériste puisse, sans aucune perte de temps, y jeter fréquemment le coup d'œil du maître. L'eau, d'un puisement facile, devra être à proximité de ce carré, pour faciliter à un moment donné les bassinages dont les plantes pourraient avoir besoin.

Le carré des semis doit être à bonne exposition, abrité s'il est possible contre les vents de l'ouest, du nord-ouest et du nord, mais néanmoins être assez découvert pour que les plantes puissent recevoir l'air et la lumière, éléments nécessaires à leur développement. Une ligne de grands arbres qui donneront un peu d'ombre dans leur voisinage pourra le border au midi; mais ces arbres devront cependant être assez éloignés pour que leurs racines ne s'étendent pas jusque dans le terrain consacré aux semis. La partie la plus ombragée ou la plus rapprochée des arbres sera réservée pour les semis, dont les jeunes plants ont beaucoup à souffrir de l'ardeur du soleil : tels sont la plupart de ceux dits de terre de bruyère, les Rhododendrons, les Kalmias, etc. Il est

bien entendu que le terrain doit être d'excellente nature ; il est souvent utile de le modifier, quelquefois
même de le changer entièrement, suivant les exigences
des graines qu'on se propose de lui confier.

V. — *Carré des repiquages et rigolages.*

Ce carré est destiné à recevoir immédiatement les
jeunes plants sortant du carré des semis, dont il doit être
le plus près possible ; il réclame à peu de chose près les
mêmes conditions d'emplacement et d'exposition ; et la
terre, toujours choisie de bonne qualité, devra quelquefois
aussi être modifiée plus ou moins complétement, afin
d'être appropriée à la nature des plants qu'elle devra
recevoir. De même que le carré des semis, celui des
repiquages doit réunir toutes les facilités désirables
quant à l'eau nécessaire, pour pouvoir en très-peu de
temps bassiner ou mouiller les plants repiqués qui se
trouveraient en avoir besoin.

VI. — *Carré des Mères, ou École.*

On désigne sous ce nom un terrain dont la destination spéciale est de recevoir un exemplaire de chacune des espèces ou variétés d'arbrisseaux et d'arbustes
admis dans la pépinière. L'utilité de ce carré est incontestable, et l'on peut dire que cet *accompagnement
obligé* de toute pépinière un peu importante offre de
très-grands avantages. Il sert en premier lieu d'*école*
ou de terme de vérification ; il empêche qu'on ne perde
quelques espèces, car leur proximité de la maison permet en un instant de jeter un coup d'œil sur toutes
les espèces ou variétés que possède la pépinière ; si

quelques-unes manquent ou sont malades, il est facile de s'en apercevoir et d'y remédier sans retard. Le même carré n'est pas moins utile pour la multiplication, particulièrement pour les couchages.

Si l'on veut joindre à la pépinière une école d'arbres, ce qui offre aussi des avantages de premier ordre, il faut la planter séparément, à cause du développement souvent considérable que prennent la plupart des espèces. Il vaut beaucoup mieux, dans ce cas, ainsi qu'on l'expliquera plus loin, en donnant le plan d'une pépinière générale, planter les arbres servant d'école en lignes isolées le long des allées principales.

Le carré des *mères* doit être aussi rapproché que possible des carrés des semis et des repiquages, afin de réunir des travaux qui ont entre eux les plus grands rapports, puisque, comme les précédents, ils se rattachent à la multiplication. L'emplacement de ce carré est choisi dans le meilleur terrain possible sous tous les rapports ; il n'en est pas moins nécessaire, de même que pour le carré des semis et celui des repiquages, d'en modifier le sol dans certaines parties pour les approprier à diverses espèces de plantes. Voici, à notre avis, l'ordre le plus convenable à établir dans le carré des mères. Avant tout, le terrain est divisé en trois compartiments, dont les dimensions peuvent varier entre elles suivant le nombre de plantes qui doivent y être admises. On établira de même trois catégories de plantes : 1° à feuilles persistantes ; 2° à feuilles caduques ; 3° plantes grimpantes (bien que ce nom soit souvent impropre), à tiges annuelles, ligneuses ou volubiles. Chacune de ces trois catégories occupera une des trois divisions du carré des mères. L'exposition doit en être, autant que possible, en rapport avec la nature des plantes de chaque catégorie; ainsi, par exemple, la partie la plus ombragée devra surtout être réservée pour les plantes à feuilles persistantes.

Dans chacune de ces divisions, les plantes sont classées par ordre alphabétique, ou bien, comme dans les écoles de botanique, d'après leur degré d'affinité entre elles; mais, quel que soit l'ordre adopté, on doit *toujours* rapprocher l'une de l'autre les espèces et variétés d'un même genre, ce qui permet de les comparer facilement, et, pour ainsi dire, instantanément, et d'en mieux saisir les différences. La division intérieure de chacune des parties du terrain se fait par planches de 2 mètres de large, séparées entre elles par un sentier de 0^m,80, ou mieux de 1 mètre si cela est possible; chacune de ces planches ne doit admettre qu'un rang de plantes au milieu. La distance variable à observer entre chacune des plantes est déterminée par le développement connu d'avance qu'elles peuvent acquérir.

VII. — *De la nécessité de planter, comme accessoires dans la pépinière, certains végétaux d'une utilité journalière.*

On peut à chaque instant avoir besoin de tuteurs pour soutenir les plantes, particulièrement les greffes, et pour les emballages, ainsi que d'osier et de jonc pour différents travaux. On assure l'approvisionnement de la pépinière en tuteurs en plantant des espèces de haies, que l'on coupe rez-terre à l'automne. Ces haies peuvent encore, à la rigueur, servir d'abris pour garantir certaines plantes contre l'ardeur du soleil pendant l'été. On choisit à cet effet des espèces vigoureuses, dont la pousse d'une seule année peut fournir des rameaux assez longs et assez forts pour être utilisés; ce sont particulièrement le *Tamarix indica*, le *Cytisus Laburnum*, le *Negundo fraxinifolium*, les *Platanus orientalis,* et *occidentalis* (1), les Châtaigniers dans quelques localités, les Noisetiers dans d'autres, et presque partout le Sureau. Ce dernier, quoique son bois manque de solidité, n'en est pas moins avantageux à cultiver pour cette destination ; car les jets d'un an atteignent une bonne longueur, et sont ordinairement très-forts. D'ailleurs, ces sortes de tuteurs ne servent ordinairement qu'une campagne, c'est-à-dire pendant environ cinq ou six mois. Si la pépinière renferme un coin de terrain humide, on y peut planter un carré d'osier, ou bien encore, si elle est assez spacieuse et qu'elle soit coupée de fossés, on plante l'osier sur leurs revers, ainsi que quelques touffes de jonc qu'il est bon de multiplier encore sur divers autres points de la pépinière, car on doit pouvoir en trouver partout, en cas de besoin. Le tour des tonneaux d'arrosage et celui des réservoirs doivent toujours en être garnis, sinon en entier, au moins partiellement. L'espèce de jonc propre au service de la pépinière est le Jonc glauque (*Juncus glaucus*) des botanistes ; c'est celui qui, en effet, offre le plus de résistance. Dans le midi de l'Europe et dans les lieux arides d'une stérilité presque absolue, croît en abondance une graminée dont les qualités, comme lien, sont supérieures à celles de notre jonc, en raison de sa ténacité ; dans le centre et le nord de la France, cette plante végète péniblement ; il lui arrive même souvent d'être détruite par les gelées ; c'est le *Ligeum spartum,* vulgairement Jonc d'Espagne, que l'on trouve en grande quantité dans le commerce.

---

(1) Ces trois dernières espèces sont très-fréquemment cultivées dans quelques localités du Midi, soit en taillis, soit en retards, pour en faire des tuteurs, des échalas ou des rames.

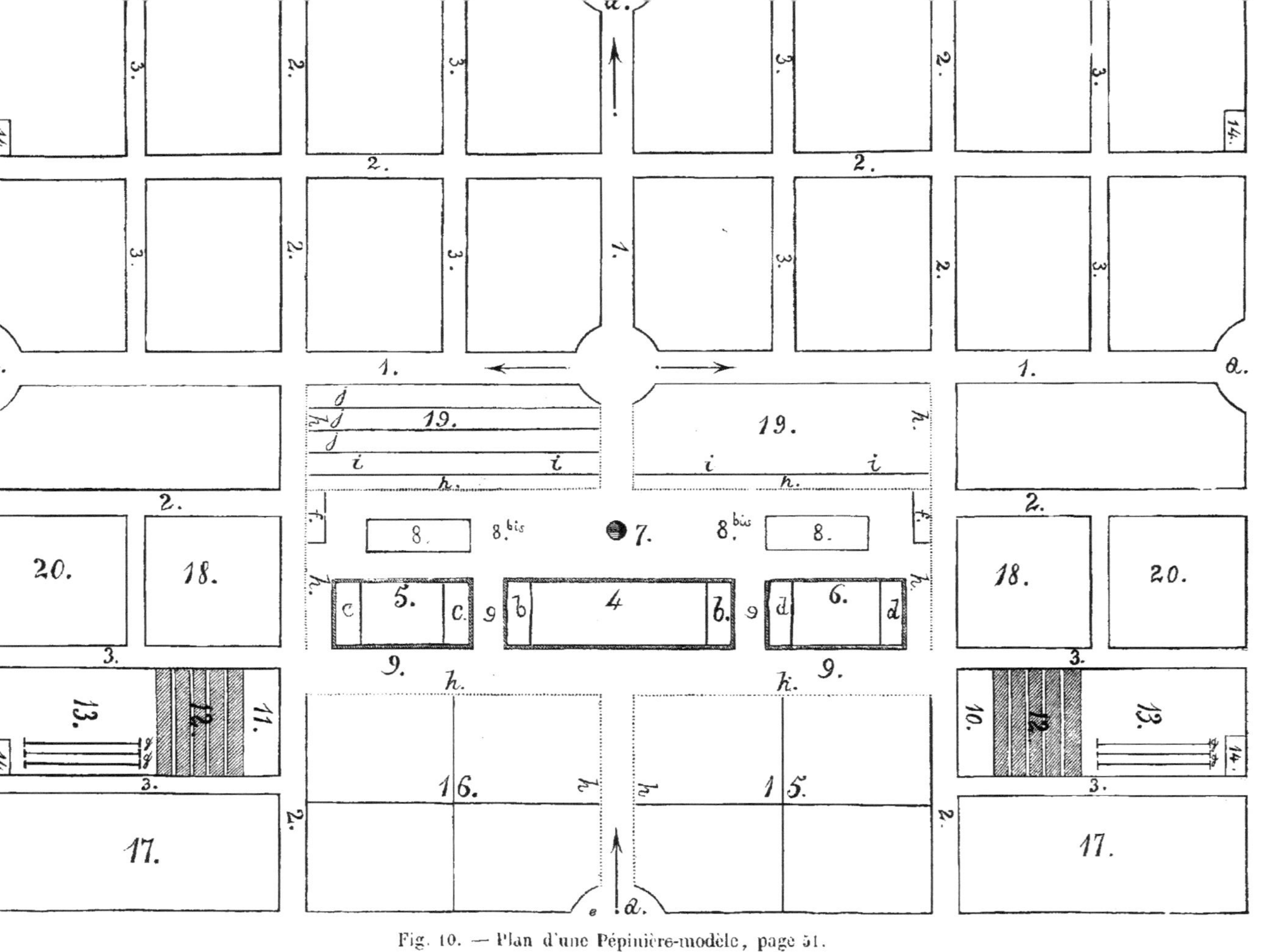

Fig. 10. — Plan d'une Pépinière-modèle, page 51.

Les horticulteurs de Paris l'emploient de préférence au jonc ordinaire. On peut essayer la culture de cette graminée lorsqu'un terrain sec et chaud à l'exposition du midi se trouve disponible à proximité de la pépinière. Deux espèces d'osier y doivent être admises, l'Osier jaune (*Salix vitellina*) et le Saule de Lambert (*Salix Lambertiana*). Le premier, très-flexible et tenace, se ramifie beaucoup ; il fournit en grande quantité le petit osier dont on a si souvent besoin. Le deuxième, également de bonne qualité, s'allonge beaucoup, atteint 3 mètres et plus sans se ramifier, propriété qui rend cette espèce précieuse pour les emballages. On pourrait encore, dans certaines circonstances, planter dans les endroits humides quelques Cypéracées, telles que des *Carex*, des *Scirpus*, etc., dont on pourrait faire usage, soit pour attacher les plantes délicates ou les greffes, soit pour lier les écussons, ainsi que nous le dirons plus loin en traitant des greffes.

La fig. 10 donne le plan d'une *pépinière modèle*, qui pourrait certainement avoir des proportions plus grandioses, une distribution plus compliquée ; mais, telle qu'elle est, elle répond largement à toutes les exigences de la multiplication et de la culture des végétaux ligneux, et n'est pas indigne du nom de *Pépinière modèle* que nous lui donnons.

EXPLICATION DES DÉTAILS (fig. 10).

1. *Allée principale* ou charretière ; *e*, entrée ; *a a a a*, emplacements libres pour qu'un cheval attelé à sa voiture puisse facilement tourner. Ces emplacements peuvent au besoin servir pour déposer momentanément les engrais ou les divers produits de la pépinière.

2. *Allées moyennes*, d'environ 2 mètres de large, pour qu'on y puisse circuler facilement avec une petite voiture à bras.

3. *Petites allées de service*, d'environ 1 mètre de largeur.

4. *Corps de logis principal.* — Bâtiment à deux étages : au rez-de-chaussée, la salle à manger, un bureau pour les écritures et les livres de comptabilité, une petite bibliothèque, l'herbier, etc. A chaque extrémité *b b* deux petites constructions contiennent, l'une le four à cuire le pain, et tous les objets et ustensiles nécessaires à cette manutention ; l'autre une cuisine avec tout ce qui s'y rapporte. Au premier étage du bâtiment principal sont les logements, chambre à coucher, etc. ; au deuxième, des chambres servant les unes de logement, les autres de magasins pour les légumes secs et autres produits.

5. *Orangerie.*— Bâtiment à un étage, le rez-de-chaussée à recevoir pendant l'hiver les Orangers et autres plantes peu sensibles au froid, telles que Lauriers-Rose, Grenadiers, etc. Au premier, quelques chambres pour loger les garçons jardiniers ou autres ouvriers attachés à l'exploitation ; en bas de chaque côté *c c*, deux petites constructions, l'une pour faire les rempotages et rencaissages, nettoyer les graines, etc. ; l'autre servant d'atelier de menuiserie et renfermant les outils et ustensiles nécessaires à ce genre de travail, tels qu'établi, varlopes, valets, scie à refendre et autres, etc. Ce bâtiment est pour ainsi dire indispensable dans une grande exploitation, et économise bien des journées d'ouvrier ; car l'hiver, par le mauvais temps, on peut faire fabriquer des coffres, réparer des châssis, et au besoin les objets de menuiserie dépendant des bâtiments.

6. *Écurie.* — Bâtiment exactement de même forme et dimensions que l'orangerie, dont il fait le pendant. Attenant et à côté, sont deux petites constructions *d d*, dont l'une servira de hangard, et l'autre, en y établissant des séparations, à faire un ou plusieurs toits à porcs, ou une laiterie si l'on veut avoir une ou plusieurs vaches.

7. Petit bâtiment circulaire, servant de fruitier. Suivant les conditions locales, il peut être légèrement modifié dans sa forme ou dans sa distribution ; il peut aussi être un peu enfoncé dans le sol et entouré d'une galerie circulaire, sur laquelle donnent les ouvertures, croisées ou portes. Cette galerie reçoit elle-même le jour de l'extérieur par des ouvertures qui, au lieu de faire face à celles du fruitier, alternent avec elles, afin de ne laisser arriver à ce dernier qu'une lumière diffuse.

8, 8. Deux petits bâtiments parallèles, dont l'un renferme le manége, s'il est nécessaire à l'exploitation. Dans un coin de ce local est placé le réservoir principal, où se déverse l'eau à sa sortie du puits ; ce réservoir doit être assez élevé pour que l'eau puisse arriver dans les différentes parties du jardin où son emploi peut être utile.

8 *bis* — 8 *bis*. Emplacements libres derrière les bâtiments, pouvant servir de dépôts pour les différentes sortes de terres, pour les pots, les terrines, etc. Tous ces différents objets peuvent être séparés les uns des autres par des haies ou abris plantés d'arbres à feuilles persistantes. On peut aussi, aux endroits marqués *f. f.*, construire deux petites serres basses pour certaines plantes qui redoutent le grand soleil, telles que la plupart des plantes de terre de bruyère.

9. Emplacements également libres pour la circulation des voitures, et en même temps pour isoler un peu les

bâtiments, afin que l'air et le soleil puissent facilement y pénétrer.

10. *Serre tempérée.*

11. *Serre à multiplication.* — Elle est indispensable pour faire certaines boutures et greffes. De chaque côté, ainsi que dans la serre tempérée, est ménagé un petit tambour pour faire les travaux de greffes, boutures, etc. C'est aussi dans l'un de ces tambours qu'est placé le fourneau du poêle pour chauffer la serre, afin que ni la poussière ni la fumée ne puissent y pénétrer.

12—12. *Coffres* et *châssis*, pour recevoir d'un côté les plantes de serre tempérée, qui au printemps, pendant l'activité de leur végétation, ont besoin d'être placées près du verre; et de l'autre, celles qui, sortant de la serre à multiplication, ne peuvent plus y rester, parce qu'elles s'allongeraient trop, et qui ne peuvent cependant pas encore être exposées à l'air extérieur.

13 — 13. Carrés attenants aux châssis pour recevoir pendant l'été les plantes en pots. On peut dans une partie de ce carré faire des abris, ainsi qu'ils sont indiqués en *g g*, pour garantir les plantes pendant l'été contre l'ardeur du grand soleil. Ces abris ne servent que pendant l'été. Pour éviter qu'ils ne soient trop sombres et ne donnent trop d'ombre pendant l'hiver, on peut les faire avec des plantes à feuilles caduques, telles que Vignes, Tamarix, etc., ou même avec des poiriers ou tout autre arbre à fruit disposé en éventail ou en palmette.

14 — 14. *Petites constructions* pour serrer les outils, tuteurs, paillassons, etc., et abriter les jardiniers, qui peuvent, en cas de mauvais temps, s'y occuper à quelques travaux utiles.

15. *Carré des semis.*

16. *Carré des repiquages et rigolages.* — On peut,

ainsi que nous l'avons indiqué par un trait, diviser ces carrés en quatre compartiments, afin d'y établir des catégories suivant la nature des plantes ou des graines.

17—17. *Carrés des mères.* — Dans l'un sont les mères à feuilles caduques; dans l'autre, celles à feuilles persistantes. Suivant leur exposition et la nature du sol, on les place de l'un ou de l'autre côté. Ces deux carrés, en raison de leur emploi, sont des *carrés de multiplication* et principalement des carrés de couchage.

18—18. *Carrés* ou *écoles de plantes grimpantes et volubiles.* — On dispose ces plantes soit par ordre alphabétique, soit par ordre de genres : Chèvre-feuille, Vigne-vierge, *Tecoma* ou vulgairement *Bignonia*, *Wistaria* ou vulgairement Glycine, etc.

19—19. Carrés dans lesquels, à cause de leur exposition nord, on peut cultiver en pleine terre les plantes de terre de bruyère : *Rhododendron, Kalmia, Ledum, Azalea, Vaccinium, Andromeda, Clethra, Erica, Cyrilla, Rhodora,* etc. On enlève d'abord la terre, qu'on remplace par de la terre de bruyère; on plante tout autour une haie de plantes à feuilles persistantes : Buis, *Thuia, Biota,* etc.; et, pour régulariser le tout et enfermer les bâtiments dans un rideau de verdure, cette haie ou ce rideau peut faire le tour des bâtiments, et se prolonger même jusqu'à la porte d'entrée *e,* ainsi que l'indiquent les lettres *h h h h.* A l'intérieur de ces deux carrés, et dans les plates-bandes *i i,* on fait sous cloches et en pleine terre des boutures à froid, particulièrement celles des espèces à feuilles persistantes : Laurier-Tin (*Viburnum Tinus*), Laurier-Amande (*Prunus Lauro-cerasus*), *Erica,* Fusain du Japon (*Evonymus japonica*), les diverses espèces de variétés d'Alaternes, etc. On peut, s'il est nécessaire, y multiplier les abris, disposition indiquée dans l'un de ces deux carrés par les lettres *j j*.

20—20. Ces deux carrés peuvent être consacrés aux essais ou expériences, soit pour hasarder des plantes en pleine terre, soit pour essayer de nouveaux procédés de culture ou de multiplication.

Toutes les autres parties qui n'ont pas de numéro sur le plan serviront à l'éducation en grand des essences diverses, résineuses, forestières, à feuilles caduques, et à celle des arbres fruitiers ou d'ornement, etc. ; et pour la désignation de chacune d'elles, on adopte l'ordre alphabétique ou l'ordre numérique.

Les grands arbres ou arbrisseaux destinés à servir de *porte-graines* et de *porte-greffes*, et qui, par leurs dimensions, exigent trop de place pour être réunis et disposés sous forme d'école, peuvent trouver leur place le long des grandes allées, à des distances plus ou moins rapprochées, suivant la force que chacun d'eux peut acquérir.

Le plan fig. 10, suppose un terrain à peu près de niveau et régulier, formant un rectangle qui se rapproche du carré. Dans le cas d'un terrain de forme irrégulière, il est toujours facile de le régulariser, en rejetant sur les bords, ainsi qu'on l'a vu précédemment, toutes les parties sinueuses ou anguleuses. C'est à dessein que toutes les allées, sur le plan, sont dessinées en lignes droites ; c'est la forme qui occasionne le moins de perte de terrain, et qui offre aussi la plus grande facilité pour l'exécution des travaux, deux points des plus importants dans l'exploitation d'une pépinière, au point de vue du produit. Si le terrain est en pente, on peut être forcé de modifier, de changer un peu la disposition des allées et des constructions, en consacrant à ces dernières l'emplacement le plus convenable, en ayant égard à la configuration du terrain, à la beauté du point de vue, et surtout à la facilité d'y arriver avec les voitures. Le manége, s'il est jugé nécessaire, est alors établi sur l'un des points les plus élevés ; sinon, on élève assez le réservoir principal pour que l'eau puisse ensuite se distribuer à l'aide de conduits dans toutes les parties du jardin qui doivent être arrosées. S'il est absolument impossible d'avoir de l'eau, excepté sur quelques points de la pépinière, les cultures les plus délicates, et qui par conséquent demandent à être arrosées, sont établies spécialement dans les compartiments à portée de l'eau ; c'est là, par conséquent, que doit être réuni tout ce qui se rattache à la multiplication, et c'est là aussi que les bâtiments doivent être élevés, à moins d'empêchements majeurs.

Ce plan, quoique compliqué en apparence, ne renferme cependant que ce qui est strictement nécessaire à une bonne maison d'exploitation de pépinière ; il est bien entendu que toutes les divisions indiquées pour le terrain, ainsi que les constructions décrites, sont tout à fait arbitraires ; elles peuvent varier, suivant le goût du propriétaire ; dans une foule de circonstances, elles doivent même être modifiées, soit par la disposition du terrain, sa nature, ou tout autre inconvénient impossible à prévoir, et en présence duquel on se trouve seulement au moment de la mise à exécution.

CHAPITRE VII.

De la multiplication.

Quelle que puisse être l'importance des opérations décrites dans ce qui précède, elle est à peine égale à celle des opérations dont nous avons à nous occuper dans ce chapitre, et qui se rapportent à la multiplication. C'est de cette dernière, en effet, que dépend la réussite de l'entreprise. Suivant que la multiplication est plus ou moins bien entendue, les bénéfices sont plus ou moins élevés. En un mot, la multiplication est le complément des travaux antérieurs; tous ces travaux, selon leur exécution plus ou moins intelligente et soignée, contribuent chacun pour leur part à la prospérité de l'entreprise et au produit définitif, qui doit être le couronnement de l'œuvre.

I. — *Des semis.*

Aucune opération n'est plus importante et n'est peut-être aussi plus simple que celle-ci, et néanmoins, la plupart du temps, elle est mal exécutée. Pourquoi cela? Parce qu'elle n'est souvent pas comprise. Sans avoir égard à ce qui se passe autour de nous, sans observer les moyens que la nature emploie, nous agissons le plus ordinairement d'après des règles posées plus ou moins arbitrairement, quelquefois établies sur une exception; mais la discussion et la critique sur les différentes méthodes usitées pour les semis, ainsi que sur les époques adoptées, nous entraînerait trop loin de notre sujet. Ces questions sont d'ailleurs l'objet d'un traité spécial (*Traité des semis*), ce qui nous dispense de l'aborder ici.

Remarquons avant tout que les graines dont l'enveloppe ou testa est osseuse ou très-dure, sont généralement très-lentes à lever; cette lenteur est encore augmentée par le contact de l'air, qui sèche la graine en enlevant l'humidité contenue dans son intérieur. Cette observation prouve évidemment qu'il y a nécessité, ou du moins qu'il y a toujours avantage à semer les graines d'arbres aussitôt qu'elles ont atteint leur maturité ; mais la plupart de ces graines à enveloppe solide restent plus ou moins longtemps dans un état de torpeur ou d'engourdissement ; livrées à elles-mêmes, elles occuperaient ainsi pendant un temps assez long un terrain souvent précieux. On remédie facilement à cet inconvénient en les faisant *stratifier*. On nomme *stratification* l'opération qui consiste à réunir un certain nombre de graines pour les mettre en terre dans certaines conditions, dans des pots ou des caisses, à la cave, ou même dans le jardin au pied d'un mur, en les garantissant au besoin de la gelée. Pour qu'elles ne soient pas en contact avec un excès d'humidité, on élève un peu le terrain, ce qui facilite l'écoulement de l'eau superflue ; ou bien, on forme des espèces de buttes, qu'on recouvre d'une enveloppe de grande paille, ayant la forme d'une calotte, pour assurer l'égouttement. Les graines à stratifier sont disposées par lits, séparés entre eux par une petite épaisseur de terre bien divisée et très-meuble, qu'on entretient à un degré modéré d'humidité, si cela est nécessaire à leur conservation. Les graines désignées sous le nom de noyaux ou nucules sont celles qu'on soumet le plus souvent à la stratification : telles sont spécialement celles d'Amandiers, de Pêchers, d'Abricotiers, de Pruniers, de Houx, de *Mespilus*, de *Cratægus*, de Tilleuls, de *Paliurus*, de *Zizyphus*, etc.

Le but de la stratification est d'une part de prolonger les facultés germinatives des graines, facultés qui pourraient disparaître par l'évaporation des liquides renfermés dans leurs tissus ; c'est ce qui aurait lieu pour les semences de Chênes, de Marronniers, de Pavias, d'Érables (1). La stratification sert d'autre part à entretenir cette humidité, et à prévenir la dessiccation des graines ; car si les facultés germinatives de certaines espèces ne s'éteignent pas par la dessiccation, la germination en est toujours retardée. On soumet aussi à la stratification certaines semences qui lèvent assez promptement ; celles, par exemple, de Marronniers, de Chênes, de Pavias, de Noyers, etc. Ce traitement est déterminé par deux raisons : la première, c'est qu'elles perdent très-promptement leurs facultés germinatives, et qu'elles ne germeraient pas si on les semait au printemps ; la deuxième, qu'elles forment un pivot très-long qui s'enfonce perpendiculairement sans produire de chevelu, pivot qui doit être supprimé en partie, c'est-à-dire *tronqué* à son extrémité, lorsqu'on repique les plants. Nous dirons plus loin, en parlant de la suppression du pivot, l'avantage qui résulte de cette opération.

(1) Les graines d'Érables, qui germent parfaitement lorsqu'elles ont été semées en automne, lèvent souvent très-mal lorsqu'on les sème au printemps, après qu'elles ont été séchées. Pour obvier à cet inconvénient, on les sème aussitôt qu'elles sont mûres ; mais comme elles lèvent de bonne heure au printemps, et que les plants pourraient être détruits par les gelées, on les stratifie, à l'exposition du nord, en les préservant seulement de l'humidité qui les ferait entrer trop tôt en germination. Dès que la germination commence, il faut semer ces graines ; sans cette précaution, les jeunes plants fondent très-vite, ou prennent une mauvaise direction.

L'époque où l'on doit pratiquer les stratifications n'a pas d'autres limites que celles de la maturité des graines. Le temps où il convient de repiquer les plants stratifiés varie aussi, suivant l'état plus ou moins avancé de leur croissance ; toutefois, on ne devra jamais attendre trop longtemps pour repiquer ces plants, parce qu'une fois les graines un peu avancées en germination, et les jeunes végétaux jouissant d'une *vie active*, il leur faut les mêmes éléments que réclament tous les êtres vivants, c'est-à-dire *l'air* et la *lumière*, autrement le plus grand nombre d'entre eux serait exposé à périr.

II. — *Différents modes de semis.*

Suivant le climat sous lequel est établie la pépinière, la nature des graines, celle du terrain et son exposition, les procédés de semis pourront varier beaucoup dans leur exécution. Dans les terrains plats, on pourra semer, suivant le besoin, sur la terre, sans presque recouvrir les graines, ou de toute autre manière, à volonté. Il n'en sera pas de même dans les terres en pente, où, en raison de l'inclinaison, l'on sera presque toujours forcé, à moins de s'assujettir à des soins tout particuliers, de semer soit en rayons ou rigoles, soit en poquets. Nous aurons donc à étudier trois modes principaux de semis, les *semis à plat, en rayons* et *en poquets*, qui pourront, suivant certaines circonstances, être modifiés dans leurs applications. Un mot maintenant sur chacun de ces procédés.

1. *Semis à plat.*— Après avoir donné un labour et brisé les mottes avec une fourche ou un trident, on donne un coup de râteau pour enlever les mottes et les pierres, puis on sème les graines à la volée ; elles sont ensuite

recouvertes d'un peu de terre très-divisée, puis on étend sur le tout un léger paillis, et le semis est terminé. C'est là le mode de semis le plus communément pratiqué. La terre peut être modifiée plus ou moins profondément ou même entièrement changée ; on peut aussi recouvrir les graines avec de la terre de bruyère ou du terreau, sans que ces détails apportent aucun changement radical dans la manière d'opérer. Les semis *en terrines* et *en pots* en sont à peine une modification ; ils n'en diffèrent que par l'étendue de terrain, ou parce que, au lieu de semer sur la terre même, en plein sol, on sème dans des vases remplis de terre ordinaire, ou de toute autre artificiellement préparée suivant le besoin ; ce moyen n'est mis en usage que quand on ne dispose que d'une petite quantité de graines, ou qu'il s'agit de graines d'une espèce rare ou délicate. Ces pots ou terrines, suivant la nature des graines qu'on y a semées, sont ensuite placés sur une couche à l'air libre, ou sous châssis, ou simplement sous des châssis à froid, ou même à l'air libre, soit au soleil, soit dans une situation à demi ombragée. Les *semis à plat* admettent des modifications très-importantes qui portent principalement sur la couverture à étendre sur les graines. En traitant plus loin de l'époque où doivent être faits les semis, et de la profondeur à laquelle les graines doivent être enterrées, nous donnerons un procédé particulier que nous avons personnellement employé, et toujours avec succès, même pour les semis de graines considérées jusqu'ici comme très-difficiles à faire lever, entre autres les graines de Spirées.

2. *Semis en rayons ou rigoles.*— Après avoir labouré et préparé le terrain comme pour les semis à plat, on trace à 8, 10, 15 ou 20 centimètres l'un de l'autre, des

rayons plus ou moins profonds, suivant la nature des graines qu'on se propose de semer. Cependant cette profondeur ne doit que très-rarement dépasser 4 à 6 centimètres. Cette dernière profondeur n'est même qu'une exception ; 0^m.02 suffisent presque toujours.

Après y avoir placé les graines, on les recouvre comme il est dit ci-dessus, soit avec la terre du sol, soit avec du terreau, de la terre de bruyère, ou tout autre mélange préparé pour cet usage. Ce procédé, très-fréquemment employé aussi dans les terrains plats, l'est surtout pour les terrains en pente. Dans ces derniers terrains, les rayons ou rigoles doivent être tracés en sens contraire de l'inclinaison.

3. *Semis en poquets, polets ou pochets.* — Ces procédés ne diffèrent du précédent que parce qu'au lieu de faire des rayons ou rigoles et de semer dans toute leur longueur, on creuse seulement à l'aide de la serfouette, d'une binette ou d'un piochon, des petits trous ou poquets plus ou moins espacés, dans lesquels on dépose un certain nombre de graines que l'on recouvre ensuite, comme dans l'exemple précédent. Ce mode de semis n'est guère usité dans les terrains plats que pour des graines assez volumineuses, et lorsque les plants ne doivent pas être relevés, c'est-à-dire pour que le sol soit suffisamment garni par les semis. On en fait particulièrement usage sur les pentes plus ou moins rapides. Ce mode de semis est, avec le précédent, presque le seul employé dans les terrains inclinés.

III. — *A quelle époque doit-on semer ou stratifier les graines d'arbres, d'arbrisseaux et d'arbustes, et à quelle profondeur doit-on les enterrer ?*

L'époque des semis peut varier un peu suivant la

nature des graines, ou plutôt suivant le moment de leur
maturation. Quoique beaucoup d'espèces de graines
conservées pendant plusieurs années puissent encore
germer, le succès des semis est d'autant plus assuré
qu'on sème des graines plus fraîchement récoltées. On
peut poser, comme règle générale sur cette matière, que
les graines de végétaux ligneux devront être semées autant que possible au moment même où on les récolte. Un
seul motif, à notre avis, peut faire dévier de cette règle :
c'est la nature délicate de certaines espèces de graines
plus ou moins sensibles au froid, qui pourraient entrer
en germination avant ou pendant l'hiver ; les jeunes em-
bryons ou les jeunes plantules pourraient par conséquent
avoir à souffrir du froid ou de l'humidité. Si les graines
appartiennent à des espèces rares auxquelles le pépiniériste tient beaucoup, il se trouvera bien de les mettre
en terre en automne et de les abriter pendant l'hiver.
Deux autres raisons doivent encore faire adopter les
semis en automne : l'une, qu'à cette époque, la
chaleur est tempérée, les nuits sont déjà longues, la
terre est fraîche, toutes conditions favorables à la germination, tandis qu'au printemps, époque à laquelle se
fait la plus grande partie des semis, la terre est souvent
très-sèche à sa superficie, les *hâles* ou desséchements
rapides causés par les vents secs du nord et de l'est sont
souvent très-intenses, toutes conditions désavantageuses
au succès des semis; l'autre raison qui milite encore plus
fortement en faveur des semis d'automne, c'est que les
graines semées à cette époque lèvent beaucoup plus vite
et plus sûrement. Nous l'avons dit, et l'on ne peut trop
le répéter. La germination est d'autant plus facile que
les graines ont été moins longtemps exposées à l'action
de l'air. A quoi nous devons ajouter cette observation,

que nos recommandations au sujet des semis d'automne
à l'air libre s'appliquent exclusivement aux espèces qui
n'ont rien à redouter du froid pendant l'hiver. Quant à
la profondeur à laquelle les graines doivent être enterrées, on a formulé cette règle générale : Les graines
doivent être d'autant plus recouvertes qu'elles sont plus
volumineuses. Cette règle est à peu près exacte; elle
présente cependant quelques exceptions, déterminées
par la nature du terrain, et surtout par le climat sous
lequel est placée la pépinière. Sous un climat humide,
souvent brumeux, où l'évaporation est moins grande,
surtout dans les terres fortes, argileuses, naturellement
humides et froides, les graines doivent être placées presque à fleur de terre ; souvent même il convient de ne
pas les recouvrir du tout ; tandis que dans les terres
calcaires, sèches et légères, ces mêmes graines, toutes
circonstances égales d'ailleurs, pourront être plus recouvertes. Mais, toute proportion gardée, il y a toujours
avantage à n'enterrer les graines que le moins possible.
Voici, du reste, un moyen que nous avons plusieurs fois
employé, et qui nous a *toujours* réussi. Toutes les graines, mais particulièrement les graines très-fines, et dont
la germination est difficile, celles des Spirées par exemple, se sèment sur le sol même, après qu'il est convenablement préparé, et approprié à la nature des semences
qu'il doit recevoir ; les Spirées demandent la terre de
bruyère. Lorsque le terrain est ainsi préparé, les graines
sont repandues à la surface sans être enterrées; on se
borne à les *appuyer* avec une planche, ou un petit rouleau à main ; elles sont ensuite recouvertes d'une petite
couche de paille à paillassons, ou de toute autre espèce ;
mais on doit s'abstenir d'employer à cet usage de la li-
tière. Cette petite couche de paille, bien suffisante pour

garantir les graines contre l'action directe des rayons solaires, est très-favorable à la germination ; elle maintient
dans un état convenable d'humidité les semences en
train de germer, et plus tard elle garantit encore de l'ardeur du soleil le pied des jeunes plants, qui quelquefois
pourrait en être endommagé. Le procédé qui vient d'être
décrit, tout avantageux qu'il est, présente cependant un
inconvénient qui en peut exclure l'emploi dans certaines
localités : c'est celui d'offrir une retraite assurée aux insectes, et surtout aux limaces, qui cherchent sous la
paille de l'obscurité et de l'humidité, et qui peuvent ainsi
dévorer les plantes naissantes avant même que leur présence ait été seulement remarquée.

IV. — *Éducation des plants.*

Nous avons à envisager ici les plants sous deux conditions différentes, selon qu'ils proviennent de graines
stratifiées, ou de graines directement semées soit en
pleine terre, soit en pots ou en terrines. Il ne faudra pas
attendre trop longtemps pour repiquer les plants provenant de graines stratifiées. Très-rapprochés les uns des
autres, souvent même superposés, ces plants sont très-
exposés à fondre, au moins en partie. Ceux qui pren-
draient le dessus étoufferaient les autres et se contour-
neraient dans les vases, faute de la place nécessaire à leur
développement. Dans cette circonstance il y a lieu, suivant la nature des plants, de pratiquer l'opération du
pincement, qui consiste dans la suppression de l'extrémité de la radicule. Dans quelques espèces, telles que
Noyers, Marronniers, Pavias, etc., la radicule prend
beaucoup de développement; elle forme un pivot souvent nu, ou portant à peine quelques petites radicelles ou

chevelu. On force le jeune plant à donner du chevelu ou
à se ramifier, en cassant l'extrémité radicale du pivot;
on peut aussi la couper avec l'ongle du pouce et l'index.
Immédiatement après, le plant est repiqué avec les
doigts ou avec le plantoir dans un terrain meuble; toute
la partie blanche de la radicule doit être enterrée en ne
laissant hors de terre que l'extrémité de la plantule,
c'est-à-dire les deux cotylédons. S'ils ne sont pas suffisamment développés, et qu'on craigne que le contact de
l'air ou du soleil ne puisse les fatiguer, on le recouvre
de quelques millimètres de terre, et aussitôt après d'un
léger paillis. Du reste, tous ces soins doivent être plus
ou moins minutieux, selon le plus ou le moins de délica-
tesse et de rareté des plants. Un très-grand avantage
résulte de la suppression du pivot pour les arbres qui
doivent être replantés, et qui, comme les espèces énu-
mérées plus haut, émettent des pivots très-allongés sans
ramifications, par conséquent privés en grande partie
de ces petites radicelles si nécessaires à la reprise au
moment de la transplantation : c'est de les faire ramifier
et produire du chevelu dans des parties qui, sans cette
opération, en auraient été à peu près complétement
privées.

Repiquage. Cette opération se pratique ordinairement
sur des plants d'un an; elle a pour but de les *aérer*, en
laissant entre eux plus d'espace qu'ils n'en avaient dans
les semis; ils acquièrent, par suite de ce repiquage, la
force nécessaire pour pouvoir être plus tard livrés au
commerce. Voici en quoi consiste ce travail, qui s'exécute
habituellement au printemps, bien que presque toujours il puisse se faire en automne, et avec avantage. Les
plants sont arrachés, puis *habillés,* c'est-à-dire qu'on
rafraîchit les racines, en en coupant l'extrémité avec

la serpette ou avec tout autre instrument ; puis on les repique en lignes et au plantoir. La distance à laisser entre
chaque plant, ainsi qu'entre les lignes des plants repiqués, peut varier suivant leur nature ; elle est en moyenne
de 0,15 à 0,20 entre chaque rangée. L'opération du repiquage est très-avantageuse pour l'avenir des jeunes arbres ; les plants deviennent beaucoup plus trapus, ils
sont mieux nourris, plus robustes, et développent aussi
beaucoup plus de chevelu, ce qui en rend la reprise
plus certaine à l'époque où ils devront être transplantés.

Rigolage. On recherche et l'on obtient par l'opération du rigolage à peu près les mêmes avantages que
ceux qui résultent du repiquage ; la seule différence ré-
side dans la manière d'opérer. Pour le rigolage, on ar-
rache les plants et on les prépare comme ci-dessus ;
mais, au lieu de les repiquer avec le plantoir, on ouvre
avec la bêche ou la houe une tranchée ou rigole dans laquelle les plants sont rangés ; puis la rigole est remplie
et l'on en ouvre une autre à côté, et ainsi de suite jusqu'à ce que tout le plant disponible soit rigolé.

V. — Des Mères.

On donne le nom de *Mère* à toute plante qui, en pot,
en caisse ou en pleine terre, est destinée à la multiplication, et sur laquelle on prend des boutures ou des greffes.
Le même nom désigne aussi les plantes qu'on multiplie par marcottage ou couchage, et celles dont on re-
cueille les semences. On a vu plus haut comment on doit
les disposer, et quelle place leur convient le mieux dans
la pépinière ; nous n'avons pas à y revenir ; nous ne les
envisagerons qu'au point de vue de la multiplication.

L'avantage qu'il y a à posséder des plantes mères dans

la pépinière est des plus importants ; il empêche d'abord,
ainsi que nous l'avons déjà fait remarquer, de perdre les
espèces ou variétés *types*. S'il arrive qu'on oublie de faire
servir une ou plusieurs plantes-mères à la multiplication,
on les retrouve l'année suivante plus garnies de jeune
bois, ce qui dédommage en partie de la perte occasionnée par cet oubli.

VI. — *Des Boutures.*

On désigne sous le nom de *bouture* toute partie d'un
végétal qui en est détachée, puis placée, suivant sa nature, dans certaines conditions pour la contraindre à
émettre des racines. Plusieurs parties des végétaux,
quoique différentes entre elles, soit par leur nature, soit
par l'état où elles se trouvent dans le moment, c'est-à-
dire suivant leurs divers degrés de végétation, peuvent
produire des racines et servir ainsi à la multiplication,
but de l'opération du bouturage ; il y aura donc, suivant
ces diverses circonstances, plusieurs genres de boutures, comme il y a plusieurs genres de semis.

Afin d'en rendre plus saisissables l'explication et la
définition, nous divisons les boutures en trois catégories : la première comprendra les boutures faites avec
des branches *aoûtées* ; elle se subdivise elle-même pour
former une section particulière, composée des boutures
de végétaux à feuilles persistantes ; la deuxième catégorie comprend les boutures faites avec des branches encore herbacées, soit à feuilles caduques, soit à feuilles
persistantes ; la troisième est formée des boutures faites
avec des parties souterraines, ou boutures de racines.

1re Catégorie. — *Boutures d'arbres ou arbrisseaux à feuilles caduques.*

Le procédé le plus communément employé entre tous les modes de bouturage consiste à détacher des rameaux dont le bois est *aoûté*, et à les couper par tronçons de 10 à 20 centimètres de longueur, en ayant soin de pratiquer la coupe au-dessous d'un nœud, et de la faire aussi nette que possible. Les boutures ainsi taillées sont ensuite piquées dans une terre préparée à cet effet, et appropriée à la nature des végétaux. On agit de même quant à l'exposition ; les unes sont plantées en plein air et en plein soleil, d'autres à l'ombre dans des positions bien abritées : les espèces dont les racines se développent plus difficilement ont particulièrement besoin d'être mises dans ces dernières conditions. La saison propre au bouturage s'étend de la fin d'octobre, aussitôt après la chute des feuilles, jusqu'en janvier et février. Les espèces qui, n'étant qu'à demi rustiques, pourraient souffrir du froid pendant l'hiver, devront être placées sous des cloches ; tels sont quelques Rosiers, Jasmins, Budleyas, etc. Les espèces faciles à multiplier par ce procédé sont très-nombreuses ; nous signalons ici seulement les principales : ce sont les *Artemisia, Budleya, Cornus, Coronilla, Cydonia, Deutzia, Diervilla, Elæagnus,* quelques *Hypericum*, Jasmins, *Kœlreuteria, Lonicera, Leycesteria, Philadelphus, Platanus, Populus, Ribes, Salix, Spiræa, Sambucus* (Sureau), *Tamarix*, Vigne, etc. Certaines boutures sont parfois très-volumineuses, ce sont surtout celles de Saules et de Peupliers, dont on prend souvent pour cet usage des branches de 2 à 3 mètres ; on les aiguise à l'aide de la serpe, par le bout le plus gros ; puis, au moyen d'un pieu, soit en fer,

soit en bois, l'on fait un trou dans lequel on introduit la
bouture ; on l'assujettit en rapprochant et comprimant
la terre autour de son pied. Ce procédé, qui porte le
nom de *bouturage en plançons,* ne peut trouver son application que dans les lieux humides, et il n'y a guère
que les Peupliers et les Saules qu'on soumette à ce
mode de multiplication.

Ce qui précède s'applique à la multiplication des végétaux à feuilles caduques ; ceux à feuilles persistantes
se multiplient également de boutures ; mais, en raison de
la persistance des feuilles, qui tiennent les plantes dans
un état de végétation non interrompu, il leur faut des
soins particuliers. Ces boutures doivent être faites à
l'abri de l'air, afin d'empêcher l'évaporation des liquides
contenus dans leur intérieur, ce qui occasionnerait *in-
failliblement* leur mort longtemps avant qu'elles aient
eu le temps de former des racines. L'époque la plus convenable pour faire ce genre de boutures est l'automne,
ou plutôt la fin de l'été, c'est-à-dire du 15 septembre
au 15 octobre environ, lorsque les bourgeons de l'année,
qu'on emploie de préférence pour cet usage, sont suffisamment aoûtés, c'est-à-dire passés à l'état ligneux.
Les espèces que l'on multiplie le plus ordinairement par
ce procédé sont : l'*Aucuba japonica,* les Buis (*Buxus*),
le Fusain du Japon (*Evonymus japonica*) et ses variétés,
le Laurier-Amandier (*Prunus Lauro-cerasus*) et ses variétés, le Laurier-Tin (*Viburnum Tinus*), les *Coto-
neaster, Pernettia, Erica, Andromeda, Garrya,* etc.

IIᵉ CATÉGORIE. — *Boutures faites avec des rameaux
herbacés.*

Le procédé pour faire les boutures de cette catégorie

est exactement le même que le précédent, dont il ne
diffère que parce qu'au lieu de prendre du bois aoûté,
l'on détache pour boutures des pousses encore tendres
comme de l'herbe, d'où dérive leur nom de *boutures
herbacées.* Les plantes rebelles au bouturage sont celles
auxquelles s'applique de préférence ce mode de multiplication; mais il est généralement peu utile dans les
pépinières, car il exige la possession de serres, et particulièrement d'une bonne serre à boutures, dont la plupart des pépinières sont encore dépourvues. Voici en quoi
consiste le procédé : On active la végétation des plantes
qu'on se propose de multiplier, en les plaçant dans une
serre où l'élévation de la température ne tarde pas à
faire développer les bourgeons. A mesure qu'ils sont
jugés assez développés, ces bourgeons sont coupés et
bouturés également dans la serre et sous cloche, où ils
ne tardent pas à s'enraciner.

III° **Catégorie.** — *Boutures faites avec les parties souterraines
des plantes ou boutures de racines.*

Ce moyen de multiplication est d'un usage assez fré-
quent; quelques espèces ne sont même jamais multi-
pliées autrement : il consiste à couper les racines par
tronçons de 8 à 12 centimètres de longueur qu'on plante
soit en terre de bruyère, ainsi qu'on le fait pour les *Itea,
Anona, Chænomeles, Aralia, Laurus Sassafras*, etc.,
soit en pleine terre ordinaire, comme cela se pratique
pour les *Tecoma radicans, Maclura*, etc. Ces tronçons
ou boutures sont piqués, à l'aide du plantoir, dans une
terre meuble, et recouverts de quelques millimètres de
terre, sur laquelle on étend un léger paillis de feuilles qui,
en les préservant du contact du soleil, les maintient dans

un état d'humidité nécessaire à leur développement. Parmi les espèces qui peuvent se multiplier par ce procédé, nous mentionnerons les *Amygdalus nana, Anona, Aralia, Ailanthus, Chænomeles, Diervilla lutea, Guilandina*, le Houblon, le *Xanthorrhiza*, quelques *Spiræa*, les *Itea, Kerria, Laurus Sassafras, Lycium, Maclura, Menispermum, Paulownia, Rhus, Rubus, Syringa* (vulgairement Lilas), plusieurs espèces de *Solanum, Volkameria, Xanthoxylum*, etc., etc. Pour multiplier des plantes de serre, la manière d'opérer est exactement la même; la seule différence consiste dans les soins; on fait ces boutures sous cloches dans la serre à multiplication ; c'est ce que l'on fait pour les *Dais cotinifolia, Bouvardia, Curtisia, Cunonia*, etc. Nous ferons observer, au sujet de ces boutures, que ces prétendues racines ne sont chez la plupart des plantes, sinon dans toutes, que des tiges souterraines; car les véritables racines ne portent presque jamais d'yeux propres à leur multiplication par le bouturage.

Résumé. — Nous ferons connaître en quelques mots, et comme conclusion en terminant l'exposé de ce qui concerne les boutures, une condition très-importante, souvent même indispensable à leur réussite. *Règle générale :* Les boutures doivent être faites autant que possible dans des conditions semblables à celles sous l'empire desquelles vivait le végétal dont elles auront été détachées, c'est-à-dire que celles qu'on aura coupées sur des plantes vivant à l'air libre et peu sensibles au froid, devront être faites également à l'air libre, *à froid*, soit au nord et à l'ombre, en plein air ou sous cloche, suivant la nature des plantes bouturées. Cette règle a bien quelques exceptions ; mais elles sont peu nombreuses, et ne peuvent en rien l'infirmer.

VII. — *Des couchages* [1].

Les couchages diffèrent des boutures en ce que, contrairement aux rameaux ou bourgeons bouturés, les branches couchées *ne sont pas séparées* de la plante mère dont elles reçoivent leur nourriture, jusqu'à ce qu'elles aient développé des racines pour pouvoir vivre par elles-mêmes, c'est-à-dire *de leur vie propre*; aussi les couchages exigent-ils moins d'attention et de soins que les boutures, et le résultat en est généralement aussi plus assuré. Les moyens d'exécuter l'opération du couchage peuvent varier, suivant la nature des plantes et les conditions dans lesquelles elles se trouveront placées. On peut partager les couchages en deux groupes, dont le premier comprend les *couchages simples*, et le second les *couchages compliqués*.

Couchages simples. — Ils consistent à abaisser, en les courbant tout autour de la plante mère, les jeunes scions dont on enterre la partie courbée en laissant ressortir de terre son extrémité; dans quelques circonstances, cette extrémité est relevée et maintenue au moyen d'un tuteur. Pour quelques espèces qui reprennent difficilement lorsqu'on les sépare, et surtout pour les plantes à feuilles persistantes, le couchage se pratique dans de petits pots enterrés autour de la mère, et dans chacun desquels on abaisse un des rameaux destinés à ce mode de multiplication. La partie courbée de ces rameaux se trouve ainsi dans le pot, rempli le plus

(1) Nous croyons devoir adopter le terme de *couchage*, généralement admis dans la pratique, et presque exclusivement employé dans les pépinières, et rejeter celui de *marcottage*, à peine connu des pépiniéristes, et réservé particulièrement pour désigner l'opération qui sert à la multiplication des OEillets.

ordinairement d'une terre préparée, ou bien de terre de bruyère pure, suivant les exigences des plantes; mais ces couchages en pots rentrent principalement dans la catégorie des couchages compliqués, puisqu'on les fait toujours avec une incision. Les *couchages simples* admettent une autre modification, qui s'applique particulièrement aux plantes volubiles ou sarmenteuses. Les rameaux sont successivement couchés, en en faisant ressortir l'extrémité que l'on couche de nouveau un peu plus loin, et ainsi de suite, tant que le permet la longueur du rameau. Nous donnons à ce mode de couchage le nom de *couchage continu;* c'est celui qu'on applique avec tant d'avantage à la multiplication des Glycines, des Aristoloches, etc.

Couchages compliqués. — Ainsi que son nom l'indique, ce mode de couchage exige certaines précautions, certains soins plus ou moins délicats, suivant le tempérament des espèces plus ou moins rebelles à la production des racines; habituellement, il ne diffère du précédent que par une incision pratiquée dans la partie courbée, longitudinalement et en remontant vers le sommet du rameau; lorsque cette incision peut séparer en deux un *œil* ou un nœud du rameau, deux s'il est possible, le succès est encore plus certain. Quelquefois on fait dans cette partie courbée une ligature avec un fil de fer ou tout autre corps; parfois aussi l'on y fait une plaie en enlevant un anneau d'écorce : ces ligatures ou ces plaies ont pour but d'arrêter sur ce point la séve par l'obstacle qu'elles présentent à sa circulation, et de la contraindre à se modifier pour donner naissance à des racines. Toutefois, ces derniers moyens sont rarement usités; le couchage avec une seule incision, sans enlèvement ni ligature d'aucune partie, est au contraire d'un emploi très-fréquent; il suffit ordinairement pour provoquer l'émission des racines. Il peut arriver aussi, quoique beaucoup plus rarement, que l'on ait à multiplier un arbre ou arbrisseau trop élevé pour que les branches puissent être abaissées jusqu'à terre; dans ce cas, on est forcé de placer des supports pour établir ce que l'on pourrait appeler *un sol factice*, c'est-à-dire des pots remplis de terre, dans lesquels on opère comme sur le sol naturel. Le plus souvent, ces pots sont soutenus par un piquet, ou bien attachés à l'aide d'un fil de fer à l'arbre lui-même; ils offrent ordinairement sur le côté une fente par laquelle on fait entrer le rameau destiné à ce genre de propagation. On l'incise au besoin, puis l'ouverture du pot est bouchée avec un tesson, ou mieux avec un petit morceau de verre qui permet de voir dans l'intérieur les racines qui peuvent commencer à se développer; on remplit ensuite avec de la terre de bruyère ou toute autre, suivant la nature de la plante, et l'on arrose au besoin. On comprend que ce moyen de multiplication, lorsqu'il est pratiqué à l'air libre, doit offrir un grand inconvénient; car ces couchages étant ainsi exposés à l'action souvent desséchante de l'air, la terre des pots se sèche très-vite, ce qui rend nécessaires de fréquents arrosages; on peut jusqu'à un certain point y remédier en couvrant la terre des pots d'une couche de mousse qui la maintient plus longtemps humide, en s'opposant à l'évaporation. Parmi les plantes sur lesquelles on peut pratiquer les couchages compliqués, qui, comme je l'ai fait observer, se réduisent le plus souvent à un seul mode, celui avec une simple incision, mentionnons, comme se multipliant principalement par ce procédé, les *Garrya, Magnolia, Aucuba*, Laurier-Tin (*Viburnum Tinus*), Laurier-amande (*Prunus Lauro-cerasus*), Laurier-rose (*Nerium Oleander*), Grenadiers, Jasmins, etc.; mais tous ceux-ci se font dans de petits pots, afin d'assurer la reprise au moment de leur séparation, que les jardiniers nomment le *sevrage*.

Revenons aux *mères*. Lorsqu'elles sont exclusivement destinées à fournir ces jets ou scions couchés chaque année, on ne doit pas les laisser développer leurs tiges, ni permettre à de vieilles branches de s'élever; il faut au contraire supprimer tous les ans celles qui n'auraient pu être couchées, afin de faire produire aux souches, et près de terre, le plus grand nombre possible de ces jets ou scions, qui devront à leur tour, l'année suivante, servir à la multiplication. Dans les pépinières d'arbres fruitiers, les couchages ne sont guère en usage que pour la multiplication des vignes et des figuiers. Ils sont au contraire fréquemment employés dans les pépinières d'arbres ou d'arbustes d'ornement, soit pour multiplier les espèces dont on ne peut aisément se procurer les graines et qui reprennent difficilement de boutures, soit même pour plusieurs autres également faciles à multiplier de graines ou de boutures, mais dont la multiplication est plus lente par ces derniers procédés, tandis que par les couchages on obtient souvent des plantes qui peuvent être livrées au commerce la même année. Les principales espèces sur lesquelles on pratique plus particulièrement les couchages, sont : les *Aristotelia, Aucuba, Baccharis, Budleya, Cornus, Corylus, Deutzia, Diervilla, Forsythia, Garrya*, Laurier-amandier (*Prunus Lauro-cerasus*), Laurier-rose (*Nerium Oleander*), Laurier-Tin (*Viburnum Tinus*), *Magnolia, Philadelphus, Pterocarya*, quelques Lilas, Mûriers, Jasmins, Grenadiers, Chèvre-feuilles, *Periploca, Rhamnus, Wistaria*

(vulgairement Glycine), quelques *Ribes*, entre autres le
Ribes speciosum, etc.

*Soins à donner aux couchages lorsqu'on les sèvre.
— Époque du sevrage des rameaux couchés.* — Les
soins à apporter à ces travaux, quoique généralement
très-simples, peuvent cependant admettre quelques
légères modifications. Il ne s'agit la plupart du temps
que de couper les couchages près de leur point d'insertion sur la mère, de les préparer, c'est-à-dire de supprimer la partie du talon qui n'a pas de racines, de couper
un peu ces dernières si elles sont trop longues, et de les
planter en pépinière pour leur laisser prendre de la force
et en faire soit des *touffes*, soit des *tiges*. Les sujets des
espèces vigoureuses pourront quelquefois être livrés au
commerce la même année; mais pour les espèces délicates qui peuvent plus ou moins souffrir à l'époque du
sevrage, on doit, après cette opération, les mettre sous
des châssis, ou les garantir du soleil. Il faut aussi les
priver d'air pendant quelque temps. L'époque où ces
travaux doivent se faire est celle du repos de la végétation chez les plantes, c'est-à-dire depuis octobre-
novembre jusqu'en février-mars. Pour les espèces qui
craignent le froid, telles que les Laurier-Tin, Laurier-
rose, Grenadier, etc., on sépare les couchages en automne, puis on place tout près les unes des autres ces
jeunes plantes pour l'hivernage, dans une serre froide,
ou en jauge près d'un mur au midi, sous la protection
d'une couverture de paillassons et de litières ou de feuilles, s'il en est besoin, afin de les garantir contre la gelée.

A quelle époque doit-on faire les couchages? — Les
couchages se font le plus généralement en février-
mars, quelquefois même avril, un peu avant l'ascension

de la séve, ou lorsqu'elle se met en mouvement. On pourrait néanmoins s'y prendre beaucoup plus tôt, c'est-à-dire, à la fin de l'automne; il y aurait même quelquefois avantage à les faire pendant l'été, avec les jeunes bourgeons encore à l'état herbacé; car, dans ce cas, ces couchages s'enracinent immédiatement. Ce moyen peut être pratiqué sur toutes les espèces, excepté celles dont les jeunes bourgeons trop fragiles pourraient se casser par la courbure, ou se décoller à leur point d'insertion. Néanmoins, nous le répétons, pour la plupart des espèces, l'emploi des rameaux herbacés offre un grand avantage, non-seulement en ce qu'il est plus expéditif, mais encore parce que beaucoup d'espèces, très-rebelles à s'enraciner lorsqu'on opère le couchage avec du bois déjà dur, donnent au contraire très-aisément des racines avec des tiges encore herbacées ou semi-ligneuses. Pour donner un exemple de l'avantage que procurent ces couchages exécutés en été, rappelons seulement l'Aristoloche et la Glycine de la Chine, deux plantes assez importantes au point de vue commercial : lorsqu'on les couche en été et successivement, à mesure que les rameaux s'allongent, les couchages sont repris en automne; les jeunes sujets qui en proviennent peuvent être livrés au commerce dès l'année même.

Du buttage. — Ce mode de multiplication, qui tire son nom de la nature même de l'opération, n'est guère employé dans les pépinières que pour multiplier les Coignassiers : il consiste à planter, dans une terre meuble et substantielle, des plantes munies du plus grand nombre possible de branches; l'année suivante, on les rabat. Il sort de ces branches coupées beaucoup de jeunes bourgeons, autour desquels on amoncelle la terre prise

dans le sol environnant; on en forme ainsi une butte,
à l'intérieur de laquelle ces bourgeons s'enracinent dans
la même année. En automne ou au printemps suivant,
on déchausse la plante mère, c'est-à-dire qu'on rabat la
butte accumulée à son pied, et l'on en détache tous les
jets enracinés. La même opération peut être répétée
tous les ans ou tous les deux ans; mais aujourd'hui ce
mode de multiplication est presque abandonné : dans
beaucoup de pépinières, on préfère la multiplication de
boutures, qui, dans les terres un peu substantielles et
humides, peuvent être plantées en ligne, comme des
plants enracinés, et recevoir la greffe la même année,
ainsi qu'on le fait pour des pieds mis en place alors
qu'ils étaient déja enracinés.

Multiplication par éclats ou *par drageons*.—Ce procédé, le plus simple et le plus facile de tous, ne demande
aucun soin, aucune attention particulière; *la nature seule
en fait les frais*. Il n'est possible que pour les espèces vigoureuses émettant naturellement à leur base beaucoup
de drageons qui s'enracinent la même année : tels sont la
plupart des *Spiræa*, le *Kerria japonica*, les *Syringa* (vulgairement Lilas), les *Amygdalus nana* et *georgica*, le
Pavia macrostachya, l'*Itea virginiana*, les *Hydrangea*,
les *Rubus*, etc. La séparation des drageons ou éclats
peut se faire à partir de novembre jusqu'en février-mars;
les éclats sont ensuite repiqués en pépinières pour grossir, ou vendus immédiatement s'ils sont assez forts.

VIII. — *De la greffe.*

Cette opération, une des plus importantes de la pépinière, diffère des deux précédentes, au point de vue de
la multiplication, par plusieurs caractères très-tranchés.
Si, d'un côté, elle paraît se rapprocher du bouturage

en ce que le plus souvent on détache de la plante mère
le rameau que l'on veut multiplier par la greffe, de
l'autre, elle en diffère essentiellement en ce que le rameau, au lieu d'être placé dans la terre, l'est sur un
autre végétal à peu près semblable à lui, ou possédant
des caractères qui offrent, avec ceux de la greffe, une
analogie plus ou moins prononcée. Le but de la greffe est
de changer la nature des végétaux soumis à cette opération, c'est-à-dire de les transformer, s'ils donnent de
mauvais fruits, en d'autres qui en donnent de bons; et si
ce sont des arbres ou arbrisseaux d'ornement, de les
changer en espèces ou variétés plus belles ou plus
rares. La greffe sert encore à multiplier certaines
espèces qu'il serait souvent très-difficile de propager
par tout autre moyen. Mais cette sorte d'alliance
n'est possible qu'entre des individus qui ont entre eux
de grands rapports de ressemblance, ou des liens de parenté, si l'on peut s'exprimer ainsi : la réussite en est
d'autant plus assurée, que la ressemblance est plus parfaite. Ces caractères d'analogie ou de parenté, souvent
frappants et faciles à saisir, sont aussi quelquefois tellement cachés, qu'il faut l'œil exercé du savant pour les
découvrir : c'est cependant la connaissance de ces caractères, de cette affinité, qui peut seule guider le pépiniériste dans l'opération de la greffe.

Suivant le rapprochement, suivant certains caractères
de ressemblance dans l'exécution, les greffes ont été
divisées en sections ou groupes. La nomenclature en est
assez étendue; mais, pour la plupart, elles ne se dis-
tinguent entre elles que par de légères modifications,
qui très-souvent ne font que compliquer l'opération,
en l'entourant de difficultés superflues sans augmenter
en rien les chances de succès. Nous mentionnerons donc

seulement les plus usitées; elles sont au nombre de six : 1° la greffe en *fente;* 2° en *placage;* 3° en *couronne;* 4° en *écusson;* 5° en *anneau* ou en *flûte;* 6° en *approche*. Deux de ces six genres de greffes, la greffe en *couronne* et la greffe en *anneau* ou en *flûte*, sont peu usitées dans les pépinières.

1. *Greffe en fente ordinaire.*—C'est la plus connue et aussi une des plus usitées. Elle consiste à couper net, soit rez-terre, soit à des hauteurs variables, l'extrémité d'un jeune arbre qu'on se propose de greffer, et qui porte alors le nom de *Sujet* ou de *Sauvageon*. On prend un rameau de l'espèce que l'on veut multiplier; on l'amincit en coin et en biseau, puis, après avoir fendu longitudinalement l'extrémité tronquée du sujet, on y insère la greffe en faisant coïncider les écorces le mieux possible, pour que le contour du sujet n'offre avec la greffe aucune partie concave ni convexe; on ligature le tout en rapprochant les parties avec du fil, de la ficelle ou de l'osier, selon la nature des plantes, et aussi suivant les conditions dans lesquelles on opère ; puis on recouvre la plaie supérieure, ainsi que les interstices qui pourraient exister de chaque côté de la greffe, avec de la cire à greffer, ou de la terre délayée en une bouillie épaisse vulgairement appelée *onguent de saint Fiacre*. Très-souvent même, lorsque les greffes doivent être placées sous cloche, on laisse toutes les plaies à nu, rien qu'avec la ligature qui sert à les fixer. Il en peut être ainsi lorsqu'on greffe dans la terre. La cire à greffer n'ayant d'autre utilité que de boucher les interstices qui peuvent exister entre la greffe et le sujet, et d'empêcher l'air de s'y introduire, une greffe tant soit peu enterrée qu'on a posée en dégageant le pied du sujet, n'a souvent pas besoin de cire à greffer ; il suffit de rapprocher

la terre autour d'elle pour la protéger. Le rameau servant
de greffe peut varier en longueur, suivant la rareté des
espèces; il pourra même consister simplement en un
seul œil. Une observation très-importante doit trouver
place ici : toutes les fois qu'on greffe des espèces dont
les yeux latéraux ne se développent pas ou ne s'ouvrent
que très-rarement, on doit *toujours* prendre pour greffe
un rameau *pourvu d'un œil terminal.* Ce rameau,
dont la longueur peut varier, doit toujours, nous le répétons à dessein, être l'extrémité d'une branche munie
de son œil terminal; c'est surtout pour la greffe des
Noyers, Marronniers, Pavias, Frênes, Érables, que cette
précaution est *rigoureusement nécessaire.*

La greffe en fente, appliquée dans des circonstances
et des conditions très-diverses, peut, par cette raison,
changer de nom sans aucun changement réel dans son
mode d'exécution. C'est ainsi qu'on la nomme *Greffe
en fente herbacée* et *Greffe en fente sur racine*, suivant
les parties servant, soit de greffes, soit de sujets. Quelques mots sur chacune de ces modifications nous semblent ici nécessaires.

a. *Greffe en fente herbacée.* — Elle tire son nom de
l'opération même, ou plutôt de l'état de végétation
des parties dont on se sert, qui sont presque à celui
d'*herbe* dépourvue de consistance ligneuse; mais aussi
cette greffe, eu égard à sa nature, ne peut guère s'appliquer à l'air libre que sur les pins, et encore doit-on autant que possible les garantir pendant quelque temps
du contact de l'air en les recouvrant d'un cornet de papier. La greffe en fente herbacée peut au contraire, et
par compensation, être fréquemment employée dans
les serres et sous cloche. Dans ces circonstances, elle
peut s'appliquer à presque tous les végétaux.

Lorsque la greffe en fente est pratiquée sur des végétaux à feuilles persistantes, on doit toujours, et sans avoir égard à la nature herbacée ou ligneuse des plantes, opérer à peu près dans les mêmes conditions, c'est-à-dire dans une serre et sous cloche. Quelques espèces peuvent être greffées au printemps avant la grande ascension de la séve, ou à la fin de l'été quand le mouvement de la séve se ralentit; on supprime alors toutes les feuilles des rameaux greffés, c'est-à-dire qu'on en coupe seulement le *limbe*, en ne conservant que le pétiole. Il est fort utile, ainsi que nous l'avons dit pour les pins, de garantir ces greffes, au moyen d'un cornet de papier, contre l'action desséchante de l'atmosphère.

b. *Greffe en fente sur racines.* — L'opération est la même que celle de la greffe en fente ordinaire, avec cette seule différence qu'au lieu de la pratiquer sur des sujets ligneux exposés à l'air libre, on l'exécute sur les *racines*, sur des parties souterraines soustraites à l'action de l'air et de la lumière; de là le nom particulier donné à cette greffe. Les Pivoines et les Técomas sont les plantes que l'on multiplie le plus souvent par ce procédé, applicable d'ailleurs, non pas seulement à ce petit nombre d'espèces, mais à une grande partie des végétaux, en opérant aux époques convenables, et en mettant les plantes sous cloches après l'opération. Ces racines sont coupées par tronçons de 8 à 12 centimètres de longueur; on en fend l'extrémité, dans laquelle on insère la greffe, fixée ensuite avec les mêmes soins et précautions que pour la greffe ordinaire, et la cire à greffer peut y être appliquée selon le besoin. Les Pivoines et les *Hibiscus*, greffés par ce procédé, sont, après l'opération, repiqués en pleine terre, et couverts d'un bon paillis pour les maintenir légèrement humides et les garantir du grand soleil, ce qui suffit pour en assurer la reprise. Toutes les autres espèces qu'on peut vouloir multiplier par le même procédé exigent l'emploi des cloches; quelquefois même la chaleur artificielle d'une couche ou d'une serre doit venir en aide à la greffe sur racines.

c. *Greffe en fente de côté.*—Une autre modification de la greffe, dont nous devons décrire le procédé, est la greffe en fente de côté, aussi désignée sous le nom de *greffe Richard.* Elle ne diffère de la greffe en fente ordinaire que par son mode d'insertion. La greffe est préparée comme pour la greffe en fente ordinaire; mais, au lieu de supprimer entièrement l'extrémité du sujet et d'en fendre la partie tronquée pour y insérer la greffe, on conserve le sujet tout entier; il est seulement un peu fendu sur l'un des côtés; la greffe est placée dans cette fente, puis, selon sa nature, elle est maintenue avec du fil, de la ficelle ou de l'osier; la plaie est au besoin recouverte avec de la cire à greffer, ou tout autre enduit propre au même usage. On peut et l'on doit même, dès que l'opération est terminée, si le sujet est volumineux, supprimer quelques branches du sommet, afin de refouler la séve vers la partie où la greffe est insérée.

La greffe de côté peut être appliquée dans beaucoup de circonstances, bien qu'elle le soit assez rarement. Elle a cependant sur la greffe en fente ordinaire et sur la greffe en placage une supériorité réelle, quoique peu prononcée à certains égards : sur la première, en ce qu'on ne supprime pas entièrement le sujet, et qu'alors celui-ci peut être regreffé quand l'opération n'a pas réussi, sans qu'il soit à craindre que cette section complète du sujet n'occasionne sa mort, ce qui arrive quelquefois dans la greffe en fente ordinaire. Elle présente aussi sur la greffe en placage ce léger avantage, qu'avec des chances de reprise à peu près aussi certaines, elle est généralement plus solide, et moins sujette à se décoller.

L'époque à laquelle on doit pratiquer la greffe en fente de côté est la même que celle de la greffe en fente ordinaire, et, comme celle-ci, très-variable, suivant les diverses conditions sous l'empire desquelles on l'effectue. On peut greffer de cette manière à peu près toute l'année lorsqu'on a des sujets en pots, et que les greffes posées peuvent être immédiatement mises dans une serre et sous cloche. On peut pour cette greffe, comme pour la greffe en fente ordinaire, se servir de parties herbacées. Si ce procédé était usité, il constituerait une modification qui pourrait prendre le nom de *greffe de côté herbacée.*

La greffe en fente est d'un usage tellement étendu, qu'on ne peut énumérer les espèces auxquelles elle peut s'appliquer. Nous serions presque en droit d'affirmer qu'elle peut convenir à tous les végétaux ligneux, et même à beaucoup d'espèces herbacées, lorsque leurs tissus ont assez d'épaisseur et de consistance pour être entaillés.

Dans les serres, on peut greffer en fente toute l'année ; en pleine terre et à l'air libre, on ne peut greffer ainsi qu'à deux époques, avec certitude de succès : ces deux époques sont, d'une part, la fin de l'hiver et le commencement du printemps, avant le grand mouvement de la séve, et, d'autre part, l'automne, quand ce mouvement se ralentit. Quoique la greffe automnale ne soit pas dans les habitudes des horticulteurs, nous sommes persuadé qu'il y aurait, dans beaucoup de cas, avantage à greffer non-seulement en automne, mais même dès la fin de l'été, lorsque les fortes chaleurs sont passées ; car à cette époque les bourgeons dont on doit se servir sont suffisamment aoûtés, et la séve, quoique ayant perdu une partie de sa vigueur, est encore assez active pour effectuer la soudure de la greffe. On supprime entièrement, dans ce cas, le limbe des feuilles de la greffe, en ne conservant que le pétiole. Comme exemple, et pour preuve à l'appui de ce que nous avançons à cet égard, nous mentionnons quelques essais de notre pratique personnelle, couronnés d'un succès complet. Pendant les mois d'août et de septembre, des Poiriers, des Pommiers, des *Cratægus*, des Cytises, des Marronniers, des Pavia, des Lilas, ainsi que des Merisiers et Cerisiers ordinaires et à fleurs doubles, ont été par nous greffés en fente ; ils ont tous très-bien réussi.

Plusieurs horticulteurs à qui nous avons fait part de nos expériences, tout en reconnaissant les avantages de la greffe d'automme ou de la fin de l'été, ne l'adoptent pas, parce que, disent-ils, en donnant aux pépinières leurs façons habituelles d'automne et de printemps, beaucoup de greffes pourraient se trouver accidentellement décollées ; mais si cette pratique est reconnue bonne, l'objection n'est pas sérieuse. En effet, que faut-il pour surmonter cette difficulté? Apporter seulement un peu plus d'attention dans l'exécution des travaux. Mais, en admettant même (ce qui pourtant n'est pas admissible) que cet obstacle soit insurmontable pour les arbres nains, dira-t-on qu'il l'est aussi pour les arbres greffés à haute tige ; qu'on craint de les casser ou de décoller les greffes, en binant la terre ou en arrachant la mauvaise herbe au pied de ces arbres? Il nous est donc permis de conclure que la greffe en fente faite à l'arrière-saison est bonne, et qu'elle peut trouver dans la pépinière de nombreuses et utiles applications. Ces trois principaux avantages ne sont, certes, pas à dédaigner : 1° elle n'a pas à redouter les hâles du printemps, souvent si funestes aux greffes faites en cette saison ; 2° à cette époque de l'année les autres travaux ne pressent pas, tandis qu'au printemps ils sont tellement urgents qu'on est souvent surchargé ; 3° enfin, les sujets dont les greffes n'auraient pas repris peuvent toujours être regreffés au printemps suivant.

La réussite des greffes en fente est d'autant plus assurée, que ces greffes sont moins exposées à l'action desséchante de l'atmosphère, qui leur enlève leur humidité, ou, en d'autres termes, la séve contenue dans leur tissu. On doit par ce motif, lorsque l'on greffe rez-terre à l'air libre, greffer le plus bas possible ; et même si la saison est avancée et que les greffes soient, comme il arrive souvent, un peu fatiguées, on pourra greffer en terre, en dégageant le sujet ; on rapprochera ensuite autour de celui-ci toute la terre d'abord déplacée, de sorte que la greffe elle-même se trouvera en partie cachée. Beaucoup de greffes qui auraient très-probablement péri si l'on eût greffé à une grande hauteur, pourront être ainsi sauvées, parce qu'elles auront été soustraites à l'influence de l'air.

Doit-on couper les greffes longtemps avant de s'en servir, et, comme on le pratique encore souvent, en automne, pour greffer au printemps ? Nous disons sans hésiter : Toutes les fois qu'on peut ne couper les greffes qu'au moment de les employer, il y a toujours avantage à le faire. Les seules circonstances qui peuvent engager le pépiniériste à s'écarter de cette règle, c'est lorsqu'il reçoit des greffes dans un moment où il n'est pas possible de les employer immédiatement ; dans ce cas, on les tient en réserve jusqu'à ce que l'époque soit venue d'en faire usage. De même, si pendant l'hiver on vient à vendre une espèce dont la pépinière ne possède que peu d'exemplaires, on peut, avant de la livrer, en détacher quelques rameaux que l'on conserve par les procédés que nous décrirons plus loin. Une dernière circonstance peut encore militer en faveur des greffes coupées d'avance; elle contraint même souvent les pépiniéristes à y recourir : c'est ce qui a lieu quand les travaux du printemps étant trop nombreux, les greffes ne peuvent être faites que très-tard, et lorsque les arbres sont en pleine végétation; dans ce cas, on doit couper les rameaux destinés à servir de greffes, et les mettre en réserve avant l'ascension de la séve ; mais toutes les exceptions que nous venons de mentionner ne détruisent en rien les règles posées précédemment.

Où doit-on placer les greffes, lorsqu'on est forcé de les couper longtemps avant de les poser? On doit les piquer dans une plate-bande au nord, où la terre est humide et où les rayons du soleil ne donnent *jamais,* ou dans du sable, dans une cave où ces rameaux sont également à l'abri du soleil, et, de plus, hors du contact de l'air extérieur, souvent non moins dangereux que le soleil. Quelques horticulteurs recouvrent entièrement ces rameaux avec de la terre; mais si, ce qui est incontestable, ce procédé est bon pour empêcher l'évaporation et maintenir le bois dans de bonnes conditions, il peut être mauvais en ce sens que, quand l'opération de la greffe est retardée jusqu'en mars et avril, ce qui a lieu très-souvent, les hâles, ordinairement très-sévères à cette époque de l'année, exercent leur action desséchante sur les greffes avec d'autant plus de danger qu'elles ont été plus longtemps soustraites à l'action de l'air.

2. *Greffe en placage.* — Elle diffère de la greffe en fente, en ce que le sujet qui doit recevoir la greffe n'est

pas tronqué, et que l'extrémité coupée n'est pas ensuite fendue verticalement pour y insérer la greffe. Rien de semblable en effet dans la greffe en placage : le sujet est conservé en entier ; le rameau qui doit être greffé est seulement *appliqué* ou *plaqué* contre le sujet. Ce rameau, dont la longueur est aussi variable que pour la greffe en fente, peut même, si l'espèce est rare, se réduire à un œil. L'opération consiste à entailler en l'amincissant, mais seulement d'un côté, la base du rameau qu'on se propose de greffer ; une entaille de mêmes dimensions est faite sur le sujet ; la greffe est appliquée dans cette entaille, qu'elle doit remplir le plus exactement possible, et est ensuite ligaturée avec du fil ou de la petite ficelle. La greffe et le sujet doivent avoir, autant que possible, à peu près la même force, afin que les extrémités ou les bords des entailles coïncident parfaitement. Si cependant le sujet est un peu plus gros que la greffe, on se borne à faire coïncider seulement un côté de la greffe et du sujet.

La greffe en placage se pratique ordinairement sur des sujets cultivés en pots, qu'on place dans une serre et sous une cloche après l'opération. On comprend qu'ainsi que dans l'exemple précédent, on peut employer pour cette greffe des parties de plantes à l'état plus ou moins herbacé. Cette greffe est très-peu pratiquée à l'air libre ; elle pourrait l'être cependant assez souvent avec avantage pour remplacer des branches qui auraient péri, ou pour en appliquer là où il en manque ; elle offre encore un avantage, c'est de ne pas blesser les sujets, qui, si les greffes viennent à manquer, peuvent être greffés de nouveau sans en éprouver aucun mal sensible. L'époque où l'on doit pratiquer la greffe en placage à l'air libre est la même que pour la greffe en fente, c'est-à-dire

le commencement du printemps, avant le départ de la
séve, ou, ce qui est préférable, la fin de l'été, quand
l'activité de la séve se ralentit. Lorsqu'on greffe en
placage à cette dernière époque, le limbe des feuilles
est supprimé pour n'en conserver que le pétiole.

La greffe étant posée et ligaturée, on en ferme les
interstices avec de la cire à greffer. Si les greffes doivent
être mises sous cloche, la cire devient en partie inutile ;
il est aussi moins nécessaire de greffer à telle ou telle
époque de l'année ; toutefois, celles qui viennent d'être
désignées sont généralement les plus avantageuses. La
greffe en *placage* sert principalement à multiplier les
Houx, les Rhododendrons, les Azalées, les Camellias,
les Conifères, etc.; elle pourrait également être appliquée à un très-grand nombre d'autres végétaux.

3. *Greffe en couronne.* — La greffe en couronne tire
son nom de la disposition des rameaux greffés, souvent
assez nombreux, disposés en forme de cercle ou de couronne autour de l'extrémité tronquée du sujet. Après
avoir coupé horizontalement la partie supérieure du sujet, et préparé la greffe en évidant seulement le côté qui
doit être appliqué sur l'aubier, l'extrémité supérieure
de cette entaille étant tranchée bien horizontalement
pour qu'elle repose dans toutes ses parties sur la surface
coupée du sujet, on soulève l'écorce de celui-ci pour y
insérer la greffe. Le côté aminci des greffes, dont l'entaille doit être assez profonde, s'applique le plus exactement possible contre l'aubier du sujet. On pose ainsi
trois, quatre, cinq, six greffes, quelquefois plus, si le volume du sujet s'y prête, puis on ligature le tout avec du
fil, de la ficelle ou de l'osier, suivant la nature de l'arbre,
afin de consolider, de rapprocher et de fixer les parties
qui doivent s'unir ; les plaies sont ensuite, comme dans

la greffe en fente, recouvertes avec de la cire à greffer,
ou de la terre argileuse délayée en une sorte de bouillie
(onguent de saint Fiacre). La greffe en couronne n'est
possible qu'au moment où le sujet est assez en séve pour
qu'on puisse facilement en soulever l'écorce ; l'époque
favorable pour la pratiquer est déterminée par la végétation ; elle arrive habituellement, sous le climat de Paris,
vers la fin d'avril. On comprend qu'à cette époque les
yeux sont en grande partie développés ; il importe par
conséquent de couper d'avance les rameaux qui doivent
servir de greffe, et de les placer dans les conditions indiquées plus haut, pour qu'au moment de s'en servir ils
ne soient pas dans un état de végétation trop avancé.

4. *Greffe en écusson.*— Cette greffe est l'application
d'un œil d'un arbre ou arbuste, détaché avec l'écorce
qui l'entoure, sur un autre arbre ou arbuste appelé,
comme pour les greffes précédemment décrites, *sujet*
ou *sauvageon.* Les principes posés au commencement de
ce chapitre, quant à l'analogie qui doit toujours existe
entre la greffe et le sujet, s'appliquent, bien entendu,
complétement à la greffe en écusson.

Cette condition remplie, on pratique sur le sujet, en
entamant seulement l'écorce, deux incisions : l'une
transversale, l'autre longitudinale et perpendiculaire à
la première, de manière à former un T ; on soulève ensuite avec la spatule du greffoir l'écorce de chaque côté
de la fente longitudinale, et l'on y insère l'écusson fraîchement détaché de l'espèce à multiplier. L'écusson posé
est ligaturé avec de la laine, ou bien avec tout autre fil
assez élastique pour ne pas endommager l'écorce, généralement très-tendre. Dans quelques endroits, on emploie à cet usage des liens d'écorce d'orme, d'osier ou de
tilleul ; ailleurs, comme à Bordeaux et aux environs, on

fait usage du *Scirpus triqueter*, tandis que dans d'autres localités on emploie exclusivement les brins provenant des nattes dans lesquelles diverses marchandises ont été expédiées des colonies en Europe. On peut, suivant les ressources de chaque pays, essayer des *Sparganium*, des *Carex*, ou de toute autre plante de ces groupes, offrant à la fois assez de souplesse et de ténacité.

On voit que, pour greffer en écusson, la greffe et le sujet doivent nécessairement être en séve, afin d'en pouvoir facilement détacher l'écorce : c'est ce qui a lieu à partir de mai ou de juin, aussitôt que les nouveaux bourgeons sont suffisamment aoûtés pour que l'écorce puisse se séparer du bois, et que les yeux sont bien constitués : on peut, dès-lors, commencer à greffer et continuer jusqu'en septembre et octobre. La greffe en écusson a reçu, suivant les conditions dans lesquelles on l'applique et les différentes destinations qu'on se propose, des dénominations diverses : on la nomme *greffe à œil poussant* et *greffe à œil dormant*. La greffe à œil poussant commence à être praticable en mai et juin, aussitôt que le bois des jeunes bourgeons est dans un état convenable. Elle doit son nom à cette circonstance, que les yeux des écussons posés se développent immédiatement chez certaines espèces, les rosiers par exemple. Les sujets ainsi greffés donnent des pousses qui souvent fleurissent la même année, et peuvent être livrés au commerce en automne ; et c'est souvent là le but que le pépiniériste s'est proposé d'atteindre. Pour la greffe *à œil dormant*, l'opération est exactement la même, et ne diffère de la greffe *à œil poussant* que par l'époque où elle est pratiquée : au lieu de greffer en mai et juin, on greffe à la fin de juillet, en août et même en septembre. La limite extrême est déterminée par le manque absolu de séve ; tant que celle-ci est assez abondante pour soulever l'écorce et la séparer de l'aubier, on peut continuer à greffer. La greffe *à œil poussant* n'est guère employée que pour les rosiers, bien qu'elle puisse être appliquée avec avantage à des espèces d'arbres ou d'arbrisseaux que le pépiniériste aurait intérêt à multiplier rapidement. La greffe *à œil dormant* est, au contraire, d'un usage très-étendu, non-seulement pour les rosiers et les arbres fruitiers de toute espèce, mais encore pour beaucoup d'arbres et d'arbustes d'ornement.

5. *Greffe en anneau, en flûte ou en sifflet.*—Cette greffe, généralement longue et quelque peu minutieuse à exécuter, demande de la part du praticien une certaine habitude ; aussi est-elle très-peu employée et à peine connue dans les pépinières. Pour cette greffe on enlève au rameau de l'espèce à multiplier un anneau d'écorce muni d'un ou de plusieurs yeux ; un anneau semblable est de même enlevé sur le sujet, et remplacé par le premier ; on rapproche les parties, afin qu'elles se joignent le mieux possible ; puis, on ligature comme pour la greffe en écusson. Deux conditions sont surtout importantes au succès de cette greffe : la greffe et le sujet doivent d'abord être également en séve, pour que l'écorce puisse facilement s'en détacher ; il faut ensuite que le rameau sur lequel est pris l'anneau d'écorce pour la multiplication soit à peu près du même diamètre que le sujet. Ce rameau peut pourtant, à la rigueur, être plus gros que le sujet ; mais jamais il ne peut être plus petit, sans quoi une partie de l'aubier du sujet ne serait pas recouverte. Au contraire, lorsqu'il est plus gros, l'inconvénient est moindre, ou plutôt il disparaît ; car il suffit de rétrécir l'anneau en en supprimant sur le côté

une portion, pour qu'il recouvre exactement la plaie.
Cet anneau d'écorce peut être comparé à un cylindre
sans fond, fendu longitudinalement sur l'un des côtés.
Si cependant l'anneau d'écorce rapporté ne couvrait pas
entièrement la plaie, il suffirait de garantir de l'air la
partie laissée à nu avec un peu de terre, un chiffon, etc.
La hauteur de l'anneau doit, avec autant de précision
que possible, être la même que celle de l'anneau enlevé du sujet, afin d'en bien remplir la place. On
peut pratiquer la greffe en anneau à l'extrémité du sujet
ou sur une partie quelconque de sa longueur; dans le
premier cas, on retranche net l'extrémité, et l'anneau
d'écorce est appliqué au niveau de la partie tronquée;
dans le deuxième cas, on le place au contraire à des
hauteurs arbitraires, et, dès que la soudure est opérée,
on supprime peu à peu la partie du sujet supérieure
à la greffe, sans quoi cette partie absorberait toute la
séve, et empêcherait le développement des yeux, que
l'on a au contraire le plus grand intérêt à protéger.
L'époque de cette greffe est à peu près la même que
celle de la greffe en écusson, dont on peut dire qu'elle
n'est en quelque sorte qu'une modification. Le plus
souvent, dans la pratique de cette greffe, on n'enlève pas l'écorce du sujet, on l'abaisse seulement en
la détachant en forme de lanières qu'on relève, et que
l'on serre solidement autour de la greffe après qu'elle
est posée; mais, comme nous l'avons fait observer, cette
manière de greffer tend à disparaître des pépinières;
elle n'est presque plus employée aujourd'hui, si ce n'est
pour les Châtaigniers dans les départements de la Sarthe,
de la Mayenne et de Maine-et-Loire, où elle se pratique
dans la première quinzaine de mai. On la remplace presque partout par la greffe en écusson ou par la greffe en

fente, l'une et l'autre beaucoup plus expéditives, et dont les résultats sont aussi beaucoup plus assurés. Cependant on s'en sert encore, quoique assez rarement, pour multiplier les Noyers et quelquefois aussi les Mûriers, bien qu'aujourd'hui ces derniers soient généralement greffés en écusson.

6. *Greffe en approche.* — Cette greffe paraît être une des plus naturelles ; elle se distingue de toutes les autres en ce que, dans l'opération, aucune partie n'est détachée ni du sujet ni de la greffe. Son nom seul en donne une idée assez exacte, puisqu'en effet elle s'exécute en *rapprochant* les deux individus qu'on veut réunir. Après les avoir ainsi rapprochés, on fait sur l'un et l'autre une entaille longitudinale, qui entame l'écorce et une partie de l'aubier ; on ajuste l'une dans l'autre ces deux parties entaillées ; on les rapproche pour qu'elles se joignent le plus exactement possible ; elles sont ensuite fixées avec des liens de laine, de fil ou de ficelle, suivant la nature des plantes. Le plus souvent cette greffe présente quelques difficultés, non pas précisément dans l'opération, mais dans les préparatifs : il faut d'abord apporter des sujets près de la mère ; ces sujets sont ordinairement petits, cultivés dans des pots ; des supports ou espèces de planchers doivent être dressés, sur lesquels on place les pots, pour qu'ils se trouvent à la hauteur voulue. Si les sujets ne sont pas en pots, il en résulte un autre inconvénient ; ils doivent alors être plantés dans le voisinage de la mère, pour être greffés plus tard. Par tous ces motifs, la greffe en approche n'est employée que pour les espèces qui réussissent difficilement de toute autre manière, tels que les Magnolias, les Hêtres et souvent aussi les Noyers, etc. Mais, quoique cette greffe présente souvent quelques difficultés dans

l'exécution, et nécessite des préparatifs plus longs et plus embarrassants que la plupart des autres greffes, elle a cependant aussi ses avantages. D'abord, réussite complète et assurée. Lorsque par hasard elle manque, le sujet n'est nullement endommagé; il peut être greffé de nouveau, ce qui souvent n'arrive pas après une greffe en fente manquée. Quant à l'époque de l'exécution, au lieu de tomber au printemps, au moment où les travaux sont généralement très-urgents, elle se fait au commencement de l'été, alors que la besogne est moins pressante. Du reste, les procédés qu'on emploie aujourd'hui sont de beaucoup préférables aux anciens : car, au lieu d'avoir seulement une mère autour de laquelle on apporte des sujets, on *contreplante*, c'est-à-dire que dans un carré de sujets, hêtres par exemple, on plante alternativement deux lignes de sujets et une de mères, ou bien on plante seulement et de distance en distance quelques mères ; de sorte que, pendant l'été, on approche successivement les uns sur les autres, et, dans un temps assez court, tout le carré se trouve ainsi transformé. Lorsque la reprise est complète, ce qu'il est facile de reconnaître à la soudure des parties, on *sèvre* les greffes, c'est-à-dire que la tête du sujet, ainsi que la partie inférieure du rameau greffé, sont supprimées peu à peu. Au bout de quelque temps, lorsque le sevrage est achevé, il reste le sujet dont la tête a été supprimée, et remplacée par la partie supérieure du rameau de l'espèce qu'on se propose de multiplier.

IX.— *Observation générale sur la pratique des greffes.*

Pour *toutes* les greffes, en général, chaque fois qu'on juge avantageux d'avoir des plantes franches de pied, ce

qui est toujours désirable en effet, et que néanmoins
on est forcé d'employer la greffe comme moyen de
multiplication, on doit, sans avoir égard à la forme
de greffe adoptée, l'établir le plus bas possible, afin de
pouvoir, sans trop enterrer la plante, la mettre pourtant assez avant en terre au moment de sa mise en
place, pour que la greffe se trouve recouverte, et puisse,
par conséquent, émettre des racines : c'est ce que l'on
désigne dans la pratique par le nom d'*affranchissement*.
En outre, s'il se forme un bourrelet, comme cela a souvent lieu, entre la greffe et le sujet, ce bourrelet sera en
grande partie dissimulé. La principale et peut-être
même la seule circonstance qui permette de s'écarter de
cette règle, est lorsqu'on aura affaire à des espèces ou
variétés trop peu vigoureuses pour développer par elles-
mêmes la tige dont on a besoin, ou dont l'organisation
ne permet pas aux bourgeons de s'élever verticalement;
telles sont les espèces à rameaux horizontaux, comme le
Mespilus linearis, ou à rameaux pendants, telles que le
Frêne pleureur (*Fraxinus exc. pendula*), le Sophora
pleureur (*Styphnolobium pendulum*), le Hêtre pleureur
(*Fagus sylv. pendula*), etc.; ou encore si l'on a affaire à
une espèce ou variété dont les bourgeons courts, tor-
tueux, très-ramifiés, tendent à former buisson ou,
comme on dit vulgairement, *boule*, tel est l'Acacia boule
des jardiniers (*Robinia pseudo-acacia umbraculifera*).

X. — *Précaution importante à prendre au sujet des greffes.*

Dans une pépinière de quelque importance, il est
très-utile, presque indispensable de conserver toujours
en pots un certain nombre de sujets variés, non-seu-

lement pour greffer les espèces qui ont besoin d'être mises sous cloche après avoir reçu la greffe, mais encore pour parer aux éventualités. Une circonstance imprévue peut en effet vous procurer des greffes dans le courant de l'été, et lorsqu'il n'est plus possible d'opérer avec chance de succès à l'air libre; tandis qu'à l'aide de sujets en pots on pourra greffer pendant toute l'année, en traitant les sujets comme nous l'avons dit en parlant de la greffe en placage et de la greffe herbacée.

Ces sujets, qui peuvent être très-variés, appartiennent particulièrement aux genres Houx, Coignassiers, Cotonéasters, Berbéris, Noyers, Érables, Épines, Poiriers, Clématites, Troënes, Cytises, Ornus (pour Olivier, etc.), Chênes, Pruniers, Sainte-Lucie (*Prunus Mahaleb*), Pavias, *Genista*, etc., etc.

XI. — *Soins généraux,* ou *surveillance à exercer sur les greffes après qu'elles sont posées.*

Si, aussitôt l'opération terminée, l'on abandonnait les greffes à elles-mêmes, il pourrait arriver, et c'est ce qui arriverait au plus grand nombre, qu'après avoir repris elles ne tarderaient pas à périr, les unes brisées par les animaux ou par les vents, les autres mangées ou affamées par les bourgeons développés sur le sujet. Il ne faut donc pas les perdre de vue, et l'œil du maître doit y veiller constamment; car ces greffes réclament continuellement certaines précautions, ainsi qu'une foule de petits soins de détail qui ne peuvent être impunément négligés. Tout d'abord, si l'on a greffé en fente et rez-terre, chaque greffe aura dû recevoir immédiatement un petit piquet ou tuteur, ne serait-ce que pour la marquer ou pour empêcher qu'elle ne soit rompue, soit par le passage des ouvriers, soit lorsqu'on façonne le terrain. Ces petits tuteurs serviront encore plus tard à attacher les jeunes bourgeons à l'époque de leur développement; mais de plus, et quel que soit le procédé de greffe employé, une surveillance active devra toujours être exercée sur elles: il faudra relâcher au besoin celles dont la ligature, trop serrée par suite de l'accroissement des tissus, les couperait, ou ferait naître sur les scions, par l'accumulation de la séve gênée dans la circulation, des bourrelets annulaires assez volumineux, désignés dans la pratique, et avec assez de justesse, par le nom d'*étranglements*, toujours funestes aux greffes. Indépendamment de ces soins, les greffes faites à une certaine hauteur auront besoin de recevoir des tuteurs, sur lesquels on les attache à l'époque de leur développement. Celles qui auront été faites rez-terre seront attachées au tuteur qu'on leur aura donné au moment de l'opération. Ces précautions sont très-nécessaires, car ces greffes sont si tendres, si fragiles, qu'il suffit du moindre coup de vent ou du moindre choc pour les décoller: le pépiniériste perdrait ainsi en un instant le fruit des travaux de toute la campagne, souvent même celui de plusieurs années. Plus tard encore il faudra les visiter, afin de supprimer les bourgeons qui, en se développant sur le sujet, absorberaient une grande partie de la séve au détriment de la greffe. Si cependant cette dernière était trop faible, on laisserait subsister dans son voisinage quelques bourgeons du sujet, afin que ceux-ci attirassent vers elle la séve dont elle a besoin, et qu'elle n'aurait pas la force d'aspirer par elle-même. Ces bourgeons seront d'ailleurs surveillés attentivement et pincés au besoin, afin qu'ils n'altèrent et n'épuisent pas euxmêmes la greffe qu'ils sont destinés à protéger.

XII. — *De la cire à greffer.*

Quoique la cire à greffer puisse varier dans sa composition, nous croyons à propos de faire connaître ici les ingrédients qui y entrent, ainsi que les proportions approximatives de chacun d'eux. Ce sont : *la poix noire, la poix blanche de Bourgogne ou poix résine, la cire jaune et le suif.* On y ajoute des cendres tamisées, du mastic de fontaine, ou un peu de sable siliceux, pour donner de la consistance à ce mélange, empêcher qu'il ne fonde par la chaleur, et aussi pour en augmenter le volume et en diminuer le prix de revient, ce qui n'est pas sans importance dans les pépinières où l'on en emploie beaucoup. Voici la proportion de chacune de ces substances :

Poix noire	30 parties.
— blanche de Bourgogne ou résine..	30 — .
Cire jaune.	20 —
Suif.	12 —
Cendres tamisées, mastic de fontaine ou sable siliceux.	8 —
Total.	100 —

Dans la pratique on ne pèse jamais ces ingrédients, l'habitude suffit pour évaluer à peu près les doses : si la composition est trop épaisse, on y ajoute un peu de suif, et dans le cas contraire c'est un peu de résine, de poix noire, etc. Non-seulement les proportions des éléments de la cire à greffer peuvent varier, mais souvent on n'en admet qu'une partie : par exemple, on y met seulement de la poix noire ou blanche, avec un peu de cire jaune et de suif. Pour faire fondre le mélange, on se sert quelquefois d'une marmite en fonte que l'on pose sur un réchaud rempli de charbon allumé, ou même sur un feu.

6,

clair établi en plein vent à l'aide de bois et de broussailles
ramassés dans les pépinières; mais ce procédé, qui est
le plus ancien, est généralement incommode; aussi est-il
très-peu usité aujourd'hui; il tend même à disparaître
tout à fait pour faire place à la *lampe portative à greffer*,
dont nous avons à parler ici. C'est un petit cylindre en
tôle de fer ou même en zinc, creux à l'intérieur, sur-
monté à sa partie supérieure d'un réservoir ou cuvette en
cuivre. Dans la partie inférieure, qui est vide, on place
au-dessous de la cuvette une lampe (fig. 13), dont la
flamme en contact avec le fond de la cuvette fait fondre
la matière qu'elle contient. Cette lampe est munie, à sa
partie supérieure d'une anse, qui la rend commode à
emporter avec soi lorsqu'on monte sur une échelle
pour couvrir des greffes ou des plaies existant sur un
arbre à diverses hauteurs; c'est, en un mot, un objet tout
à fait indispensable à un pépiniériste.

Afin d'en faire mieux comprendre les détails, nous
donnons (fig. 11, 12, 13), la représentation et la description de deux de ces lampes :

Fig. 11. — Lampe à greffer. — Extérieur.

Dans la fig. 11, toute la circonférence ou corps principal est en tôle; on voit, dans la partie inférieure, la

porte qui se ferme par une petite pièce qui y est ajustée,
et qui entre dans une petite agrafe fixée au corps principal de la lampe ; trois petites ouvertures triangulaires,
dont deux seulement sont visibles, et qui donnent de
l'air et alimentent la flamme de la lampe lorsque la
porte est fermée ; une cuvette en cuivre, dont le sommet
présente un petit rebord saillant qui repose sur l'extrémité du corps principal ; enfin, une anse qui sert à
transporter l'instrument. A l'intérieur et sous la cuvette
se trouve la petite lampe en fer-blanc, que l'on voit dis-
tinctement dans la fig. 12.

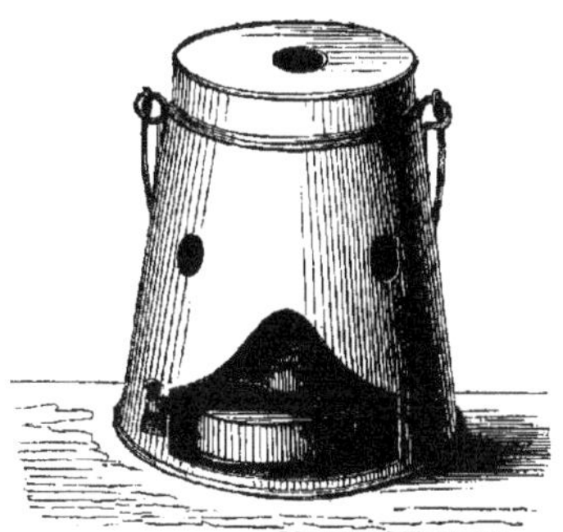

Fig. 12. — Lampe à greffer. — Intérieur.

La fig. 12, à peu près semblable à la précédente pour
la forme, est entièrement en fer-blanc ; le corps prin-

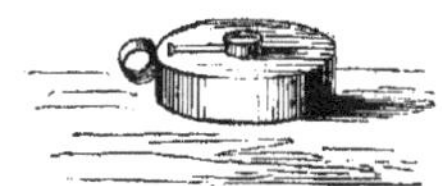

Fig. 13. — Petite lampe placée à l'intérieur.

cipal est percé de trois trous, dont deux seulement sont

visibles; la porte en a été ôtée, afin de laisser voir la lampe placée à l'intérieur. On voit également près du sommet l'anse à l'aide de laquelle on transporte l'instrument. A l'extrémité du corps principal se trouve la cuvette, comme dans la fig. 11. Mais, afin d'en augmenter la capacité, à partir du bord élargi qui repose sur le sommet du corps principal, cette cuvette se prolonge vers le haut; elle est fermée à son sommet par un couvercle mobile, dont le centre est percé d'un trou par lequel on introduit, soit un petit bâton, soit un très-petit pinceau, pour puiser la cire à greffer renfermée dans la cuvette.

Chacun de ces deux modèles présente des avantages qui lui sont propres : le premier, d'un prix un peu plus élevé, est plus solide, moins salissant, mais plus long à chauffer.

Le second modèle est moins solide, mais aussi moins cher, toute proportion gardée; il offre l'inconvénient d'être souvent rendu malpropre par la résine noire qui recouvre en partie sa surface; mais il a l'avantage de chauffer beaucoup plus promptement. Nous devons faire observer, quant à ce dernier modèle, qu'il faut éviter les soudures, qui peuvent fondre par l'action de la chaleur quelquefois assez intense, et qu'il vaut mieux, au risque d'augmenter tant soit peu la dépense, que les diverses parties de l'appareil soient fixées par des rivets en fer.

Avant de terminer l'exposé de ces données sur la greffe, nous ferons connaître un nouveau mastic ou cire à greffer, qui a l'avantage de pouvoir être employé à froid. Nous ne pouvons en indiquer la composition; c'est le secret et la propriété de l'inventeur, M. Lhomme-Lefort, à Belleville, près de Paris. Ayant essayé ce mastic, nous pouvons affirmer qu'il réunit les conditions désirées sous le rapport de ses propriétés; mais nous n'en pouvons dire autant de son emploi; il offre quelques légers inconvénients que nous devons signaler : en premier lieu, il oblige l'opérateur à se frictionner les mains avec un corps gras quelconque, afin que le mastic n'y adhère pas; en second lieu, son emploi est beaucoup moins expéditif que celui de la cire à greffer ordinaire, car il faut manier le mastic et le pétrir, afin de le rendre assez mou pour qu'il puisse s'appliquer exactement sur les plaies ou les ouvertures qui peuvent exister entre la greffe et le sujet. Un autre inconvénient de cette composition, c'est de ne pouvoir être employée pour des greffes minces et fragiles, qui pourraient être rompues par son application. Mais, on le sait trop, il n'y a rien de parfait; toute médaille a son revers. Si ce mastic offre les inconvénients qui viennent d'être signalés, il a aussi des avantages qui ne doivent pas être passés sous silence. Si l'on a, par exemple, quelques sujets à greffer à une grande distance de la maison, il est toujours incommode d'emporter avec soi un réchaud, du charbon, ou même seulement la lampe à greffer; rien n'est plus facile au contraire que d'emporter un morceau de mastic dans sa poche, en ayant soin de le rouler dans un corps pulvérulent très-divisé et sec, tel que de la farine, de la fécule, du sable, ou même de la poussière, et de l'envelopper ensuite dans un morceau de papier : sans ces précautions, la chaleur du corps le ferait fondre et adhérer fortement aux habits. Ce mastic pouvant s'appliquer à froid, son emploi éloigne tout risque de brûler les tissus, ce qui peut arriver lorsqu'on se sert de cire à greffer un peu trop chaude. Un dernier avantage que nous avons constaté, c'est qu'il peut également être employé à chaud : placé sur le feu, il se liquéfie promptement.

et devient alors d'un emploi aussi facile que la cire à greffer ordinaire ; mais, après avoir été fondu, il ne peut être de nouveau employé à froid : probablement parce que celui de ses éléments qui le rendait malléable s'est évaporé par la liquéfaction.

CHAPITRE VIII.

De la plantation en général.

La plantation est aussi une des opérations principales
du pépiniériste; elle est en quelque sorte le complément
de ses travaux, car à partir de la plantation tous ses
soins se bornent d'ordinaire à des travaux d'entretien,
et la nature seule se charge d'une grande partie des
frais. On ne saurait donc apporter trop de soin à cette
opération, puisque c'est d'elle que dépend en général
le résultat définitif, qui doit varier soit en bien, soit en
mal, suivant qu'elle aura été plus ou moins bien exécutée. Nous n'abordons point ici les questions relatives à
la plantation à demeure des arbres fruitiers; ces soins
très-compliqués sont du ressort des traités spéciaux sur
cette matière. Nous indiquons seulement les époques des
plantations et les soins à donner à l'exécution de ces
travaux, en faisant observer que, sous ce rapport, nos
indications s'appliquent aux plantations des arbres en
général.

I. — *A quelle époque doit-on faire les plantations?*

Cette question, trop générale et trop compliquée, a
besoin, pour être bien comprise, de quelques mots
d'explication.

Tous les végétaux, quoique fondamentalement orga-
nisés de la même manière, ont cependant entre eux, et
par leur propre nature, de profondes différences physi-
ques; différences non-seulement très-appréciables pour

nous, mais qui de plus modifient en quelque sorte leur organisation intime, et donnent des caractères très-distincts à leur végétation. Les végétaux ligneux cultivés en plein air sont rangés sous ce rapport en deux groupes : l'un, comprenant les arbres à *feuilles caduques*, l'autre, ceux à *feuilles persistantes*. Dans le premier, les feuilles apparaissent au printemps et tombent à l'automne; dans le deuxième, au contraire, elles restent sur l'arbre pendant deux, trois, quatre ans, quelquefois plus longtemps encore; et comme elles tombent et se renouvellent successivement, les arbres en sont toujours garnis : de là, leur nom d'*arbres toujours verts* ou *arbres à feuilles persistantes*. On comprend que de si profondes différences entre ces deux catégories de végétaux doivent entraîner des modes de vie végétale non moins différents pour chacune d'elles. En effet, il y a dans le premier groupe engourdissement, léthargie, repos ou même mort *apparente*, pendant une partie de l'année. Dans le second, au contraire, ces feuilles toujours vertes remplissent continuellement leurs fonctions, et démontrent de la manière la plus évidente que la vie de ces végétaux s'exécute sans interruption sous l'influence de ce principe fondamental auquel on a donné le nom de *force vitale*.

II. — *Époque où l'on doit faire les plantations d'arbres et d'arbrisseaux à feuilles caduques.*

A part les exceptions sur lesquelles nous reviendrons plus bas, les plantations d'arbres ou d'arbrisseaux ligneux doivent *toujours* se faire en automne, c'est-à-dire à partir de novembre, et pour quelques-uns même dès les mois de septembre et d'octobre. Le résultat est généralement d'autant plus heureux qu'on a planté plus tôt.

Les conditions qui peuvent faire admettre la plantation
du printemps sont rares, nous pouvons l'affirmer; c'est
surtout lorsque la terre où l'on doit planter est forte, argileuse, et par conséquent humide et fraîche, ou lorsqu'elle est inondée l'hiver, qu'il peut être avantageux,
et c'est même la règle à suivre en pareil cas, de planter
lorsque la terre s'est asséchée, et qu'elle a commencé à se
réchauffer par l'élévation de la température atmosphé-
rique. Tous les pépiniéristes le savent, et aucun d'eux
n'ignore l'avantage considérable qu'offrent en général
les plantations d'automne. S'ils ne les font pas à cette
époque, c'est qu'à partir de novembre jusqu'en mars les
expéditions ont lieu ; besogne urgente, qu'on a toujours
le plus grand intérêt à ne pas retarder. Une autre cause
non moins puissante les en empêche souvent : ils manquent de terrain disponible, car ordinairement on destine aux nouvelles plantations celui-là même où ont été
arrachés les arbres expédiés. Nous engageons donc tout
pépiniériste, libre de choisir l'époque de ses plantations
d'arbres fruitiers, forestiers, d'ornement, rosiers, etc.,
etc., à planter *toujours en automne*, à moins qu'il ne
soit placé dans une des conditions exceptionnelles signa-
lées plus haut.

Il peut cependant se présenter des circonstances qui
obligent à s'écarter un peu de la règle que nous venons
d'indiquer, et à planter soit au printemps, en avril par
exemple, lorsque les feuilles sont déjà développées, soit
au contraire à la fin de l'été, quand les arbres sont encore
en végétation, et par conséquent chargés de leur feuillage. Dans la première supposition, les arbres devront
être arrachés avec le plus de racines possible, et plantés
avec précaution, de manière à ce que ces dernières ne
soient pas contournées ou repliées sur elles-mêmes. Après

7

les avoir recouvertes de terre assez finement divisée pour s'introduire entre toutes leurs ramifications, on remplit aux quatre-cinquièmes le trou, on donne une bonne mouillure, puis on achève de le combler. Si on plante des arbres ou des arbustes d'une certaine taille et pourvus d'un bon nombre de branches, on peut d'abord, et afin de donner moins de prise au vent, en supprimer quelques-unes des plus basses, et maintenir ensuite les arbres au moyen de tuteurs placés à quelque distance du pied, pour n'en pas blesser les racines, ou bien au moyen de cordes ou de fils de fer attachés à des piquets ou aux arbres situés à proximité, afin d'empêcher que ceux nouvellement plantés ne soient renversés par les vents ou plus ou moins ébranlés, ce qui gênerait le travail de la reprise. On fait mieux encore en amoncelant au pied des arbres quelques brouettées de terre que l'on y maintient jusqu'à ce qu'ils soient suffisamment assis. Il n'est pas moins important de les bassiner souvent, afin d'entretenir l'humidité des tissus, d'arrêter l'évaporation de l'eau qu'ils contiennent, et de s'opposer à leur desséchement. Si les arbres à planter ne sont pas très-volumineux, on peut les coucher au fond d'un petit encaissement ou fossé assez long, dans lequel on verse une sorte de bouillie claire de terre argileuse, dans laquelle on plonge les arbres avant la plantation. Cette bouillie adhère à toutes les parties de l'arbre, et forme à leur surface, en se desséchant, un léger enduit qui les préserve ultérieurement contre l'ardeur du soleil. Cette opération est d'autant plus avantageuse qu'elle produit de bons résultats sans grossir les frais. S'il faut au contraire planter à la fin de l'été, en août par exemple, on supprime les feuilles en en coupant le limbe avec des ciseaux, et en conservant seulement le pétiole. Pour les

arbres précieux et auxquels on tient particulièrement, on
peut retrancher l'extrémité des bourgeons trop herbacés, exposés à se dessécher par l'évaporation de la séve ;
chaque plaie peut être recouverte d'un peu de cire à
greffer. On donne ensuite une bonne mouillure ; enfin
on applique à ces arbres à peu près le traitement indiqué ci-dessus.

III. — *Époque où l'on doit faire les plantations d'arbres et d'arbrisseaux à feuilles persistantes.*

D'après les données exposées dans le paragraphe précédent, on voit que l'époque de la plantation ne peut pas
être la même pour ce groupe que pour celui des arbres
à feuilles caduques. Dans la plantation de ces derniers,
on profite de l'époque où la végétation est en repos :
ce temps d'arrêt ou de suspension n'existant pas, du
moins d'une manière sensible, chez les végétaux à feuilles
persistantes, on doit opérer d'après un autre raisonne-
ment et en s'appuyant sur d'autres principes. Les arbres
à feuilles persistantes étant toujours en végétation, il convient de choisir un moment où la température soit assez
élevée pour activer cette végétation ; la plantation doit
donc se faire à une autre époque et dans des conditions
différentes. En effet, si l'on plantait à l'approche de l'hiver, l'abaissement de la température, joint à l'humidité
qui règne ordinairement à cette époque, ferait en grande
partie périr pendant l'hiver ces plantes, déjà fatiguées par
l'arrachage. Le mal serait augmenté et le danger plus
grand encore, s'il s'agissait d'arbres à racines charnues ;
c'est ce qui explique l'insuccès des plantations de Magnolias en automne, et leur réussite complète quand on
opère au mois de mai.

L'époque qui paraît convenir le mieux à la plantation des arbres à feuilles persistantes est le courant du printemps, quand la température, déjà assez élevée, a pu réchauffer le sol. Lorsque les circonstances le permettent, on doit choisir une journée de temps couvert ou de pluie imminente. Une autre époque qui, à notre avis, est de beaucoup préférable encore pour effectuer la plantation des mêmes arbres, est la fin de l'été : la chaleur, assez forte encore pour maintenir et activer la végétation, est un peu diminuée cependant par les nuits, qui, déjà plus longues et plus fraîches, restituent aux plantes l'eau de végétation qui leur a été enlevée la journée.

Si les racines des plantes sont blessées accidentellement ou endommagées par l'arrachage, toute la terre s'en est détachée; il faut, dans ce cas, pour rétablir l'équilibre, supprimer un nombre plus ou moins considérable de feuilles. La fonction principale des feuilles étant l'élaboration et l'évaporation des liquides renfermés dans le végétal, cette évaporation est en rapport direct avec le nombre de ces organes. Comme, dans le cas dont nous parlons, il est du plus haut intérêt de prévenir l'évaporation, on doit supprimer un certain nombre de feuilles, en coupant, à l'aide du greffoir, d'une paire de ciseaux, ou de tout autre instrument acéré, une portion du limbe, tout en conservant le pétiole, dont les fonctions restreintes et momentanées viendront un peu en aide à celles des racines. A part l'époque de plantation pour ce groupe de végétaux, tous les soins, toutes les précautions à prendre, et que nous avons déjà indiqués plus haut, doivent être minutieusement et exactement observés ; l'arrachage ne peut aussi être fait avec trop de soin, et

de fréquents bassinages ne sont pas moins indispensables. Nous dirons, comme résumé de ce qui concerne
la plantation des arbres à feuilles persistantes, que
l'époque de plantation la plus favorable à ces végétaux
est à partir du 15 avril jusqu'au 15 mai, ou mieux encore
à la fin de l'été, quand la température est encore assez
élevée pour permettre aux plantes de reprendre et de
pousser avant l'hiver. On peut certainement, dans quelques circonstances, sortir de ces limites ; mais ces exceptions, quelles qu'elles soient, ne détruisent pas la
règle.

IV. — *Habillement* ou *Apprêt des plants*.

On donne le nom d'*habillement* à l'opération qui suit
immédiatement l'arrachage : elle consiste à raccourcir et
à tailler les racines des plants, soit qu'on les trouve trop
longues, soit qu'elles aient été mutilées pendant l'arrachage ; quelquefois aussi une partie plus ou moins
grande des branches doit être retranchée ; quelquefois
même il faut les supprimer toutes, et raccourcir les
plants à des longueurs variables qui dépendent de leur
nature, et plus encore du but en vue duquel est faite la
plantation. Si l'on prépare pour la plantation des arbrisseaux ou arbustes destinés à former des *touffes*,
on en peut retrancher toute la partie supérieure jusqu'à
environ 15 à 30 centimètres du sol : chez les sujets destinés à former des *tiges*, on peut au contraire conserver
le sommet en entier ou en couper seulement l'extrémité,
à moins toutefois que ce ne soient quelques espèces qui,
comme nous le dirons plus loin, ne doivent jamais être
rabattues. Excepté dans cette dernière circonstance, on
les conservera à peu près intégralement, sauf à leur

faire subir plus tard, lorsqu'ils seront bien enracinés, l'opération du *recépage* ou *rabattage*, que nous décrirons ultérieurement. Ces sujets seront ensuite repiqués au plantoir, à la houe ou à la bêche, suivant le volume, la quantité et la longueur des racines, la nature des plants et celle du terrain, et surtout aussi selon les habitudes locales ; car tandis que dans certains pays on ne se sert que de la houe, dans d'autres elle est à peine connue. La distance à réserver entre les lignes des végétaux placés dans la pépinière est très-variable, et ne peut être fixée ici d'une manière absolue ; elle est subordonnée à la nature des plants et au but pour lequel on les élève. En effet, si les arbres doivent occuper longtemps la même place ou en être enlevés promptement, ils pourront être plus ou moins rapprochés ou éloignés. On se trouvera toujours très-bien d'étaler, s'il est possible, sur le terrain, aussitôt après la plantation, un bon paillis, soit de feuilles, soit de vieux fumier, qui favorisera la reprise en maintenant l'humidité et en empêchant l'évaporation ; on évite encore par ce moyen plusieurs façons d'été, et, de plus, ce paillis procure un engrais très-favorable aux arbres ; car l'eau des arrosages, en filtrant à travers le paillis, en dissout les éléments et les transmet aux racines sous la forme liquide, la seule sous laquelle ces organes puissent absorber ces particules fertilisantes, base de toute végétation.

Lorsque l'on repique des arbres à feuilles persistantes, il importe de choisir autant que possible un temps convenable, c'est-à-dire un peu humide et couvert. Il est bon aussi de consacrer à ces plants l'endroit du jardin qui offre le plus d'ombrage. Ils sont abrités au besoin et bassinés fréquemment ; mais il vaut mieux encore repiquer dans des petits pots que l'on place sous des châssis à froid, où ils sont garantis du soleil et privés d'air pendant quelque temps ; de cette manière la reprise en est beaucoup plus prompte et *toujours* assurée.

Doit-on, oui ou non, supprimer le pivot lorsqu'on plante ? Oui et non tout à la fois. *Oui,* si les arbres sont plantés en pépinière pour être élevés et façonnés, en un mot pour y *faire leur éducation ;* car dans ce cas, devant être transplantés plus tard, cette seconde opération présentera d'autant plus de chances de succès que les arbres auront plus de chevelu ou de petites racines ; et on sait que la suppression du pivot détermine et favorise le développement de ces dernières. *Non,* si les arbres sont plantés immédiatement en place, à demeure ; car, dans ce cas, le pivot, loin de leur nuire, leur est au contraire favorable, puisqu'il les fixe plus solidement au sol, les garantit par conséquent contre les accidents résultant des coups de vent, qui ont prise sur eux en raison de leurs grandes dimensions.

V. — *Préparation* ou *Éducation des sujets.*

Suivant le but que se propose le pépiniériste dans l'éducation des jeunes végétaux, suivant aussi la nature des plants, les soins à donner, les opérations à exécuter dans leur éducation devront varier. En effet, si les jeunes sujets sont destinés à former des arbres à haute tige, il est évident qu'ils ne sauraient être traités comme des arbrisseaux ou des arbustes destinés à former des massifs ou des haies. Les plants destinés à former des *tiges* pour soit avenues, soit pour futaie, subissent une opération toute particulière, celle du *recépage,* ou, en terme de pépinière, du *rabotage* ou *rabattage.*

Le recépage, qui a pour but d'obtenir des scions vigoureux, droits et prolongés, ne peut se pratiquer avec avantage que sur des sujets bien repris, c'est-à-dire ayant pour le moins un an de plantation. S'ils étaient rabattus au moment de la plantation avant d'être bien enracinés sur place, on n'obtiendrait le plus souvent que de grêles et minces bourgeons, dont aucun ne serait probablement assez vigoureux pour constituer cette tige que l'on cherche à obtenir. Si, au contraire, on se borne à *habiller* seulement les racines et à supprimer quelques branches, il arrive que l'année suivante, quelquefois même la deuxième année après la plantation, on se voit forcé de *recéper* le plant, de manière à obtenir plusieurs bourgeons très-vigoureux, parmi lesquels on choisit, pour constituer la tige, le plus beau, le mieux placé, dont on favorise le développement en pinçant ou en supprimant les autres. Quelques espèces d'arbres font cependant exception à cette règle, et ne doivent *jamais* être recépés, parce qu'après le recépage ils ne donnent que des bourgeons courts et grêles, incapables de s'élancer ; ce sont principalement les Noyers, Marronniers, *Pavia*, Érables, Sorbiers, Mûriers, *Padus* ou vulgairement Merisiers à grappes, *Ptelea trifoliata,* etc. On recherche parmi les sujets de ces espèces les plants les plus droits ; puis, à l'aide de l'ébourgeonnement des rameaux latéraux, on protége le bourgeon principal, qui doit former la tige. Cet ébourgeonnement, qui a pour but de favoriser le rameau conservé, est très-facile : on *pince* ou on *écourte* les bourgeons latéraux ; mais il y a cependant quelque attention à apporter dans cette opération. Il ne faut jamais, ou du moins on ne doit que très-rarement les supprimer entièrement ; car alors la tige, en s'effilant, serait très-mince et flexible, et ne pourrait souvent se soutenir qu'à l'aide d'un tuteur : en pinçant, au contraire, seulement leur extrémité, cette ablation suffit pour obliger une partie de la séve à se porter vers le sommet, en même temps que les rameaux latéraux, dont on s'est borné à supprimer l'extrémité, suffisent pour attirer, ou, comme on dit dans la pratique, *pour amuser* la séve; celle-ci, ainsi retenue, détermine un accroissement suffisant de la tige en diamètre.

L'ébourgeonnement se pratique pendant l'été, et autant de fois qu'on le juge convenable à l'éducation des sujets.

La taille, dans la catégorie des arbres forestiers ou d'ornement, est très-simple; elle se réduit à ne laisser développer les premières branches qu'à la hauteur d'environ 2^m,50, en raccourcissant un peu celles qúi prennent trop de développement, et menacent de nuire à la tige principale en attirant à elles une grande partie de la séve. On supprime au besoin, soit en totalité, soit en partie, toutes les branches languissantes ou mortes, celles qui sont mal placées, qui font confusion, et ôtent aux arbres la symétrie et la régularité qu'on désire leur donner; on retranche successivement, et à mesure du besoin, toutes les branches de la base, afin de forcer les arbres à s'élever, et à produire ces belles pièces de bois souvent si précieuses pour l'industrie, et d'un si grand avantage pour le propriétaire.

Les arbres fruitiers sont soumis, pendant leur éducation en pépinière, à des principes complétement différents de ceux qui viennent d'être exposés, du moins en ce qui touche la taille, qui, pour cette catégorie d'arbres, est très-compliquée. Nous n'avons pas à nous en occuper ici; on consultera à ce sujet des traités spéciaux. Du reste, les principes développés ci-dessus peuvent s'appliquer pour ainsi dire indistinctement à tous les végétaux ligneux. La taille des arbres demande à être

opérée pendant le temps de repos de la végétation,
c'est-à-dire de novembre-décembre jusqu'en février-
mars. Mais lorsqu'on élève des arbrisseaux ou des arbustes en vue d'en former des haies ou des massifs,
les opérations doivent se pratiquer tout autrement. D'a-
bord on doit couper les plants ou les rabattre, après les
avoir arrachés et habillés ; on comprend sans peine que,
si on plante sans couper l'extrémité de la tige, on peut
faire ce retranchement lorsque la plantation est terminée. L'ébourgeonnement est à peu près nul dans cette
catégorie de végétaux ; la taille se réduit à raccourcir
les branches qui s'emportent au détriment de quelques autres déjà trop faibles, ou à donner aux plantes
une forme appropriée à leur nature, soit arrondie en
buisson, soit en pyramide, soit à tige portant une
boule à l'extrémité, etc. Il suffit, à cet effet, de déga-
ger l'intérieur de la tête, d'en ôter toutes les brindilles,
qui ne prennent jamais de développement, meurent très-
vite, et ne servent qu'à rendre les arbustes buissonneux,
diffus, et d'un aspect désagréable.

VI. — *Plantation des arbres en lignes ou avenues.*

Lorsqu'on plante une avenue, on désire qu'elle soit
bien régulière, que les arbres poussent vigoureusement,
en un mot, que la végétation soit aussi parfaite et aussi
égale que possible. Dans ces sortes de travaux on n'en-
visage pas seulement la réussite au point de vue du profit
ou du produit, on la considère aussi et surtout au point
de vue de la régularité. On ne doit donc, dans cette circonstance, négliger rien de ce qui peut assurer le succès
de l'opération. Si la terre est de mauvaise nature, il faut
l'améliorer, soit par des mélanges, soit en ouvrant des

tranchées larges et profondes dans lesquelles on incorpore au sol divers engrais, soit enfin en creusant seulement de grands trous, dont on pourra ôter la terre pour la remplacer par d'autre; mais ce dernier moyen est le plus défectueux, car les arbres se trouvent placés pour ainsi dire dans une sorte de caisse, au milieu de laquelle, lorsqu'ils ont épuisé le sol, ils dépérissent. Une des premières conditions de réussite, c'est de choisir une essence qui, en même temps qu'elle peut répondre à sa destination, soit appropriée au sol et au climat. La distance à réserver entre les arbres varie encore suivant le but de la plantation, la nature du sol, et avant tout suivant les exigences de la végétation des sujets adoptés; elle peut, à l'égard d'une foule d'espèces, se réduire à six mètres. Mais indépendamment des soins de plantation, qui sont certainement des plus importants, différentes précautions devront encore être prises, différents soins seront nécessités par l'isolement des arbres lorsqu'ils sont plantés en avenues, situation qui les expose à bien des accidents. C'est alors qu'il conviendra de les garantir avec des épines, de manière à ce que les animaux ou même les enfants n'y touchent pas : quelquefois aussi, quand l'avenue est située dans un lieu découvert et où règnent habituellement de grands vents, on devra affermir les arbres, et les préserver de leur violence à l'aide de tuteurs, de cordes ou de buttes de terre, ainsi qu'on l'a précédemment expliqué.

Doit-on, lorsqu'on plante des arbres élevés et pour ainsi dire tout formés, retrancher une grande partie de leurs branches ou de leur tête, ou même les supprimer entièrement, comme on le fait encore si souvent?

Cette funeste habitude, due uniquement à une routine aveugle, est tellement défectueuse et si contraire aux lois de la physiologie végétale, qu'elle révolte non-seulement tous ceux qui en ont quelque notion, mais qu'elle choque encore les personnes le plus étrangères à l'arboriculture, et qui écoutent simplement la voix du bon sens. Quoi de plus absurde et en même temps de plus contraire au but de la plantation, *qui est d'obtenir de grands arbres,* que de *couper* entièrement ceux qu'on plante, en ne conservant que la partie inférieure du tronc? On peut alors comparer avec toute raison ce qui reste de l'arbre à un manche *à balai.* Et vraiment, en voyant sur nos promenades publiques ces jeunes Ormes ou Platanes si vigoureux qu'un coup de serpe donné le plus souvent au hasard rogne impitoyablement, d'après une longueur *rigoureusement* déterminée, et sans égard à la disposition des bourgeons, ne se sent-on pas naturellement disposé à demander grâce pour ces innocents végétaux, dont l'ensemble si beau, si bien proportionné, annonce une santé si robuste? Mais non, la mesure fatale est là, et, sans s'arrêter à d'autres considérations, il faut qu'ils y passent; car, une fois plantés, ces arbres doivent avoir exactement la même hauteur, et ils simulent des lignes de jalons. Cette habitude si vicieuse et si déplorable au fond est cependant mise tous les jours en pratique sous nos yeux, et par des hommes soi-disant *experts,* mais probablement en toute autre matière qu'en fait de plantations.

Cependant, comme le but de cet ouvrage n'est pas de faire de la critique, mais seulement de faire connaître les bons procédés, si nous avons relevé les faits qui précèdent, c'est pour en faire mieux ressortir les inconvénients, et empêcher les propriétaires d'imiter les mauvais exemples. Gardons-nous donc de rien exagérer, et cherchons ailleurs que dans les extrêmes, d'après les principes de la saine physiologie végétale, ce qui peut et doit être fait de mieux et de plus rationnel. Une loi qu'il est bon de ne pas perdre de vue est celle de l'équilibre qui doit exister dans toutes les parties des êtres; quand cette loi vient à être violée, il doit nécessairement en résulter un mal plus ou moins sensible. Or, entre quelles parties de l'arbre l'équilibre doit-il exister? C'est bien évidemment entre les parties les plus importantes, les racines d'une part et les branches de l'autre. Si donc on supprime entièrement ces dernières, l'équilibre se trouve rompu, et il en résulte toujours un mal très-grave pour les plantes soumises à ce traitement. Aussi, nous le disons sans hésitation, toutes les fois que les arbres auront été bien arrachés, ce qui est de première importance, et que les racines seront dans de bonnes conditions, on ne devra rien supprimer des branches, à moins qu'elles ne soient trop nombreuses et qu'elles offrent trop de prise au vent; dans la majorité des cas, on pourra se contenter de retrancher celles qui s'écartent trop, et nuisent à la symétrie ou à la grâce des arbres; et ici encore il suffira le plus souvent de se borner à les raccourcir. Quant aux racines, il n'y en aura jamais trop, et l'on ne devra *jamais* supprimer que celles qui seraient trop longues, ou mutilées par l'arrachage; hors de là, on doit se borner à en rafraîchir l'extrémité, qui ordinairement s'est trouvée cassée ou mutilée.

Un point des plus importants pour la plantation des grands arbres, indépendamment de ce qui a été dit plus haut, c'est de la faire en automne, afin que la terre puisse se raffermir durant l'hiver et consolider les arbres dans leur nouvelle position, et que les pluies automnales puissent, en mouillant la terre, pénétrer jusqu'aux racines. Si la terre est sèche, il n'est pas moins essentiel d'arroser d'abord les arbres au printemps, puis une ou plusieurs fois dans le courant de l'été. Lorsque la plantation a été exécutée convenablement, les travaux d'entretien consistent à la surveiller, pour prévenir les dégâts que pourraient y causer les animaux ou les enfants, par des ébranlements qui nuisent sensiblement à la reprise. On retranche, dans le courant de l'année, les branches mal venues, ou qui nuisent à la symétrie. En pratiquant cette dernière opération, on a soin d'égaliser les plaies et de les rendre bien nettes; elles doivent être immédiatement recouvertes avec de la cire à greffer, ou simplement avec une bouillie composée de terre franche argileuse, délayée dans l'eau. Si les arbres demandaient à être taillés de manière à être conduits en éventail et à former des rideaux de verdure, les branches seraient coupées au-dessus et le plus près possible d'un œil, afin d'éviter les chicots nuisibles à l'arbre par la pourriture qu'ils occasionnent, et toujours désagréables à la vue. Une pratique fort utile, soit immédiatement après la plantation, soit pendant les deux ou trois années qui suivent, est de recouvrir la terre, jusqu'à la distance d'environ un mètre autour du tronc, avec un bon paillis qui maintiendra l'humidité en arrêtant l'évaporation, et contribuera puissamment à la reprise.

Si quelque circonstance oblige à transplanter de gros arbres, leur reprise peut offrir quelques difficultés, et c'est même ce qui a lieu le plus ordinairement. Des précautions particulières doivent être prises pour assurer le succès. Indépendamment de tous les soins qui doivent accompagner l'arrachage des grands arbres et leur transplantation, des arrosements abondants seront indispensables pour faire arriver l'eau aux racines, qui plongent souvent dans le sol à une assez grande profondeur. On facilite les arrosements en plaçant autour des arbres, et à une certaine distance de leur base, des tuyaux ou conduits en grès d'une forme particulière, appropriée à cet usage. Ces conduits sont enfoncés dans le sol de manière qu'une de leurs extrémités se trouve à fleur du sol, tandis que l'autre, qui plonge dans la terre, est en contact immédiat avec les racines. Pour arroser les arbres on verse l'eau dans ces tuyaux ; quand même la quantité n'en serait pas considérable, on est du moins assuré qu'elle arrive aux racines, ce qui n'a lieu que très-rarement lorsqu'on n'a pas pris ces précautions. Plusieurs plantations d'arbres très-forts ont été, à notre connaissance, faites et soignées par ces procédés, et leurs résultats ont été aussi satisfaisants qu'il était possible de le désirer.

VII. — *Soins généraux à donner aux pépinières. Entretien, etc.*

Les travaux d'entretien des pépinières consistent principalement dans la surveillance à exercer sur les diverses opérations décrites successivement dans les chapitres précédents, et qui ont pour objet d'éclaircir les semis, de repiquer, de placer les tuteurs, de surveiller les greffes, etc., etc. La terre doit, d'autre part, être maintenue dans le plus grand état de propreté possible, et il importe qu'une pépinière soit, en temps utile, arrosée, binée, sarclée. Mais les labours, qui se font habituellement au printemps, et au profit des jeunes plants, sont-ils toujours bien nécessaires dans le courant de la belle saison? Ici encore nous répondrons : Oui et non. *Oui*, lorsque les terres sont fortes, argileuses, fraîches, et par conséquent compactes; ou bien, à part ces mauvaises conditions, quand le terrain a été foulé ou piétiné ; ou bien encore quand on élève en pépinière des arbres dont les racines pénètrent très-profondément dans le sol. Dans toutes ces circonstances, il peut être avantageux de remuer la surface du terrain de façon à l'aérer. *Non,* lorsque les terres sont sèches et légères; car alors le chevelu qui se forme de préférence à la superficie du sol serait détruit en grande partie par les labours. Mais ce qui est *toujours* utile, lorsqu'on le peut, c'est, après avoir ameubli et ouvert la superficie du sol par un bon binage, de le recouvrir d'un paillis, soit de feuilles, soit de vieux fumier, ainsi que nous l'avons recommandé ci-dessus en parlant des plantations.

CHAPITRE IX.

Quelques observations générales termineront notre travail sur les pépinières ; nous y joindrons l'indication de certaines opérations qui s'y rattachent, et qui en forment, pour ainsi dire, le complément.

I. — *Tuteurs.*

Les tuteurs, à peu près indispensables pour maintenir et protéger les jeunes greffes et soutenir les plantes grimpantes et volubiles, peuvent avoir au contraire un inconvénient dans d'autres cas. Les plantes auxquelles on donne des tuteurs sans nécessité sont généralement grêles (à moins qu'on ne les laisse pas trop longtemps); les tiges, qui prennent peu de développement, restent souvent faibles et peuvent à peine se soutenir, et si les supports viennent à se rompre, les plantes se brisent, et tombent avec eux au niveau du sol. En dehors de cet inconvénient, les tuteurs ont encore celui de blesser les racines lorsqu'on les enfonce au pied des plantes, et ces blessures sont en rapport avec le volume qu'ils présentent; les plus gros peuvent causer parfois les plus graves dommages. L'emploi des tuteurs peut donc être souvent du temps et de la dépense perdus, et ne donner qu'un bien mauvais résultat. Leur présence dans la pépinière n'est utile, ainsi que nous l'avons démontré, que lorsqu'il faut protéger des espèces délicates, dont

on ne possède que peu d'exemplaires que l'on tient
particulièrement à conserver, ou bien pour maintenir
les arbres d'une plantation récente, ou enfin attacher les
greffes, qui pourraient se décoller sans cette précaution.

II. — *Arrachage.*

Personne n'ignore que les racines sont les parties les
plus nécessaires à la reprise des arbres et au succès d'une
plantation ; les plus grands soins doivent donc accompagner cette opération, afin de conserver dans leur
intégrité les organes souterrains d'absorption. Les espèces les plus délicates et les arbres les plus gros sont
ceux dont l'arrachage doit être exécuté avec le plus
de soins et de précautions. L'époque de ce travail comprend donc les mois pendant lesquels les arbres sont
dans leur période de repos, c'est-à-dire depuis novembre-
décembre, au moment où les feuilles commencent à
tomber, jusqu'en février-mars. On peut rarement sortir
de ces limites et s'écarter sans inconvénient de cette
règle, bien que certaines circonstances puissent justifier
quelques infractions. Il faut alors se conformer aux pres-
criptions précédemment formulées au sujet des plantations, et dans ce cas redoubler d'attention pour l'arrachage, afin de ne rompre ou de ne mutiler s'il se peut
aucune racine.

III. — *Emballage.*

Aussitôt que les plantes sont arrachées, on procède à
leur étiquetage, pour lequel on se sert de petites étiquettes en carton, sur lesquelles on inscrit le numéro ou
le nom de la plante. Chacune de ces étiquettes s'attache

à la plante à l'aide d'un gros fil. Si les arbres à expédier ont un long trajet à parcourir, ces étiquettes en carton peuvent s'effacer ou pourrir pendant le voyage. Pour éviter ces inconvénients, on a recours à de petits morceaux de feuilles de plomb, sur chacun desquels on frappe un numéro correspondant aux plantes inscrites sur un catalogue, et qu'on roule autour des plantes qu'on expédie au destinataire, en lui donnant avis de l'expédition. L'étiquetage terminé, les plantes sont réunies et disposées pour l'emballage; quand il y a plusieurs individus d'une même espèce, on les attache ensemble avec des liens d'osier. On met à part les espèces les plus grandes et les moins branchues, pour former l'entourage extérieur des ballots; les plus petites et les plus délicates, ainsi que les plantes en pots ou en mottes, se placent à l'intérieur. Ces préparatifs terminés, on procède à l'emballage, qui doit toujours être soigné et solide, et exécuté de manière à pouvoir supporter sans danger la longueur du trajet qu'elles auront à parcourir. Pour les plantes en pots, lorsqu'elles ne sont pas trop fragiles, on peut, afin d'en diminuer le poids et par conséquent les frais de transport, ôter les pots et envelopper la motte de mousse à peine humide, afin d'éviter la fermentation. Cette mousse sera fortement serrée avec de la petite ficelle. Puis on dispose le tout en un ballot long, recouvert d'une petite épaisseur de paille mêlée, autour de laquelle on ajuste une enveloppe de grande paille très-propre; que l'on fixe avec des liens d'osier ou avec des cordes, si les premiers sont insuffisants. Si les colis doivent être longtemps en route, et s'ils ont à traverser des pays froids qui pourraient nuire aux plantes, on fait alors un double emballage, qu'on recouvre encore au besoin d'une grosse toile ou d'une natte de jonc ; mais si au contraire elles sont expédiées à une courte distance, on peut les lier simplement avec des brins d'osier ; on en fait ainsi un ballot, dont on peut n'envelopper que les racines pour les préserver du contact de l'air. Mais ces cas sont l'exception, et nous ne saurions trop recommander les soins d'emballage, toujours trop négligés en France, si on les compare à ceux usités dans les nations voisines.

IV. — *Transport et transplantation des grands arbres.*

Quoiqu'on ne transplante de grands arbres que par exception, nous croyons néanmoins utile d'en dire ici quelques mots, et de faire connaître les principaux moyens en usage pour ce genre d'opération, qui nécessite des dépenses souvent considérables de main-d'œuvre, l'emploi d'un personnel nombreux, celui de chevaux; et divers instruments qu'il n'est pas toujours facile de se procurer, tels que *diables* ou chariots, camions, chèvres avec leurs agrès, cordages, leviers, etc.

Ces travaux sont donc inévitablement dispendieux ; et, comme ils exigent un temps considérable, on ne doit rien omettre de ce qui peut en assurer le succès. Pour atteindre ce but, certaines opérations préparatoires sont indispensables. La *première* est de *cerner* les arbres au moins un an ou deux d'avance : ce travail consiste à pratiquer tout autour une tranchée distante de la base de 50 à 60 centimètres ou plus, suivant la force des sujets et de la motte de terre qu'on veut leur conserver. Cette tranchée doit être plus ou moins profonde, et en rapport avec le volume des racines. Il faut aussi, autant que possible, donner à la motte la forme d'une toupie ou celle d'un cône renversé, afin de sevrer une plus grande partie des racines. Cette opération a pour but de couper l'extrémité de quelques grosses racines, de les forcer à se ramifier et de donner naissance à du chevelu, conditions qui en rendront plus tard l'enlèvement plus facile et la reprise plus assurée. Cela fait, on comble la tranchée et on en foule bien la terre. Dans le cas où on a coupé de grosses racines, on donne une bonne mouillure, chose qui peut sans inconvénient être répétée plusieurs fois dans le courant de l'été, surtout si le terrain est d'une nature sèche et légère. Si on a lieu de craindre que l'arbre ne se renverse, on le maintient avec des cordages, de manière à ne pas le laisser souffrir de la sécheresse. Lorsque plus tard le moment est venu d'enlever un arbre ainsi préparé, ce qui doit toujours se faire pendant le repos de la végétation, c'est-à-dire d'octobre en mars, on ouvre de nouveau la tranchée pour mettre *à nu* la motte ; mais, par précaution, l'arbre est retenu avec des cordages, de crainte qu'il ne vienne à se renverser. La motte ainsi dégagée est entourée de claies, de branches, de planches, ou simplement de paillassons fortement serrés avec des cordes. Ce qui vaut mieux encore, *et c'est même le seul moyen convenable si la motte est grosse*, c'est de faire construire par un vannier un clayonnage dont la force soit en rapport avec le volume de la motte. Les choses ainsi disposées, on procède à l'enlèvement et au transport. Si l'arbre à transplanter est gros, on a dû ouvrir une tranchée *a*, fig. 14, de la largeur au moins du véhicule sur lequel il doit être chargé. Cette tranchée doit être en pente douce, à partir du niveau du sol jusqu'à la base de la motte *c*; on y fait entrer à reculons le camion attelé au moins d'un cheval, en admettant la supposition d'un arbre fort; puis, à l'aide d'une ou de plusieurs

chèvres et de cordages attachés à la tige de l'arbre, qui
aura été bien enveloppée avec des tampons très-épais,

Fig. 14. — Procédé pour la transplantation des arbres.

destinés à préserver complétement l'écorce de l'action

des cordages (cette précaution est de première nécessité si on veut éviter la formation des chancres), on enlève peu à peu l'arbre au moyen de la chèvre. Pendant cette opération, des ouvriers placés dans le trou coupent les racines du fond, s'il en reste qui n'aient pas été précédemment tranchées. Lorsque l'arbre est suffisamment élevé, on fait reculer un peu le camion, puis on laisse descendre tout doucement l'arbre, de manière à l'asseoir sur le véhicule; il y est maintenu par des cales et des tampons, et fixé solidement avec des cordages. On a dû, on le conçoit, préparer d'avance, à la place où l'arbre doit être replanté, un trou et une tranchée en pente à peu près semblable à celle qu'on avait pratiquée pour l'enlèvement. Mais cette fois, comme le camion sera chargé, et qu'il est très-difficile de le faire reculer, la tranchée devra avoir deux issues, c'est-à-dire deux plans inclinés; ainsi que le démontre la fig. 15. De cette façon le cheval entre par l'un ou l'autre côté, et s'arrête lorsque le camion est arrivé au point *a*, où doit être déposé et placé l'arbre transplanté. Alors, au moyen de chèvres, ainsi qu'on l'a fait pour l'enlever la première fois, on le reprend sur le camion, et, après avoir retiré ce dernier, on laisse descendre l'arbre jusqu'au fond de la tranchée, au point *a*. Dans les deux figures, le niveau du sol est indiqué par la ligne ponctuée, ce qui, du reste, est facile à comprendre dans la fig. 15, où l'arbre suspendu excède cette ligne. Toutes les mesures ont dû être bien prises, bien calculées, pour que l'arbre se trouve exactement à la place qu'il doit occuper, ni trop haut ni trop bas, afin de n'avoir pas à y revenir. Aussitôt qu'il est placé, on donne un coup de pioche à la terre qui avoisine la motte, et qui s'est trouvée fortement foulée dans l'opération, puis on la rapproche autour de la motte; lorsque cette dernière est à peu près cachée et maintenue solidement,

Fig. 15. — Inclinaison du plan pour la transplantation des arbres.

on détache les cordages, on enlève la chèvre, et on atta-

che à la tige deux cordes en croix, fixées aux arbres ou à
d'autres supports voisins : dans le cas contraire, les
cordes sont attachées à des pieux plantés exprès, afin
de maintenir l'arbre et d'empêcher qu'il ne soit ébranlé
par les vents. On donne ensuite une bonne mouillure, et
l'opération est terminée.

Il faut, autant que possible, exécuter ces sortes de
travaux en hiver, lorsqu'il n'y a pas de neige et que la
terre n'est pas trop humide ; car, à part la facilité qui
en résulte pour le travail, la transplantation est encore fa-
vorisée par la gelée, qui apporte une chance de succès de
plus, et voici comment. Lorsque la motte est préparée, on
la mouille largement le soir ; la gelée de la nuit suivante la
transforme en une masse presque aussi solide qu'un morceau de pierre ; on peut alors la transporter avec beaucoup plus de sûreté, et, lorsque les arbres ne sont pas
excessivement gros, ce procédé évite quelquefois l'emploi du clayonnage.

Les moyens indiqués précédemment sont ceux dont
on se sert pour le transport des grands arbres. Pour les
petits arbres, après avoir préparé et dégagé la motte,
il suffit d'entourer cette dernière de quelques petites
planches, de branchages ou d'un paillasson, et de
bien lier le tout ; puis, au moyen du diable ou chariot,
quelquefois même à bras, en employant plusieurs hommes munis de leviers, l'arbre est transporté et déposé
à la place qu'il doit occuper. Les soins ultérieurs rentrent dans ceux qui ont été décrits plus haut.

Avant de terminer ce que nous avons à dire sur la
transplantation, nous devons rappeler un article de la
Revue horticole (1853, p. 455) relatif à un nouveau procédé dont M. Mac-Glashen est l'inventeur. Au moment
de la publication de cet article, l'invention ne nous était

8

connue que par des rapports de journaux : aujourd'hui,
il n'en est plus de même ; nous l'avons vue à l'œuvre,
et, quoique le procédé ne soit pas sans inconvénient, nous

Fig. 16. — Procédé Mac-Glashen pour la transplantation des arbustes.

pouvons dire qu'en général il est bon, lorsqu'il ne s'agit
pas de grands arbres. Nous reproduisons fig. 16, le
modèle donné en 1853, quoiqu'il ait subi depuis
quelques modifications peu importantes. Il existe des
modèles de diverses grandeurs, proportionnés à la
taille des arbres dont on veut effectuer la transplantation ; mais le principe étant, à la dimension près, partout
le même, nous ne tiendrons pas compte de celle-ci. Les
appareils de petite et de moyenne grandeur nous paraissent présenter des avantages incontestables, tandis
que ceux du plus grand modèle nous semblent offrir
des inconvénients graves. Le premier de tous est de
coûter assez cher ; le second, d'être d'un emploi difficile
partout où le terrain n'est pas parfaitement uni. Nous
trouvons le cadre du grand appareil employé par M. Mac-
Glashen relativement petit, et comme il ne peut pas être

agrandi à volonté, il résulte souvent de son emploi que la motte de l'arbre à transplanter n'a pas une étendue suffisante, qu'elle ne renferme que les grosses racines, tandis que les plus petites, par conséquent celles auxquelles se rattache le chevelu et d'où partent les spongioles, sont coupées, et restent dans le sol environnant. L'arbre transplanté par cette méthode est donc exposé, suivant nous, à manquer de nourriture et à périr, et nous croyons que, lorsqu'on voudra faire transplanter de grands arbres, il sera de beaucoup plus sûr de recourir au procédé de clayonnage dont nous venons de parler précédemment, quoiqu'il demande plus de temps que celui de M. Mac-Glashen.

La machine de ce dernier est des plus simples. On voit de suite, en jetant les yeux sur la figure, qu'elle forme soit un carré, soit un rectangle, armé de quatre bêches pour le petit modèle, de huit pour les appareils d'une plus grande dimension, chaque côté du rectangle portant alors deux bêches au lieu d'une seule. Ces bêches, représentées ici avec un manche, en sont le plus souvent dépourvues; mais la douille, au lieu d'être creuse, est pleine, assez forte, et se prolonge de manière à offrir un point de résistance sur lequel on frappe avec une masse en fer pour enfoncer les bêches. Lorsqu'elles ont suffisamment pénétré dans le sol, on les rend solidaires les unes des autres au moyen d'un cadre en fer muni d'anneaux mobiles dans lesquels on passe des traverses ou des brancards, qui forment leviers. L'ensemble étant bien consolidé au moyen de barres de fer portant un pas de vis et un écrou à l'une de leurs extrémités, et fixées à la partie saillante des bêches, on écarte la partie supérieure de ces dernières: mouvement qui a pour résultat d'opérer à la partie inférieure une action contraire, de forcer les tranchants à se rapprocher, et de comprimer fortement la portion de terre enfermée entre le bas des quatre fers. Cette disposition prise, la base de la motte est plus étroite que la partie supérieure, et cette motte prend alors la figure d'une courte pyramide tronquée, placée la tête en bas. Lorsque la partie inférieure de la motte est suffisamment comprimée, deux, quatre hommes ou plus, suivant la dimension du végétal, saisissent les léviers ou brancards, et, en faisant un effort simultané, enlèvent l'arbre, qui se trouve enfermé comme dans une caisse.

Si l'arbre à transplanter est un peu gros et qu'on ait dû recourir à un appareil d'une dimension plus grande, au lieu d'employer des hommes, on se sert d'un chariot sur lequel sont fixés deux treuils garnis de chaînes. On attache ces chaînes aux barres transversales, qui doivent toujours être d'une force proportionnée à l'effort qu'elles auront à supporter ; puis au moyen de leviers on manœuvre les treuils, sur lesquels les chaînes viennent s'enrouler, et on soulève ainsi l'arbre, d'une manière analogue à ce qui a été opéré par les hommes, dans le cas où on n'avait à agir que sur un végétal de petite dimension.

Dans certains cas, mais particulièrement quand on a besoin de transplanter de grands arbres, les treuils sont remplacés par des barres de fer dont l'extrémité supérieure est taraudée en forme de pas de vis, qui peut se mouvoir dans une espèce de gaîne ou de fort écrou. A l'aide d'un volant ou d'une roue placée horizontalement, on leur imprime un mouvement circulaire, et on force les vis à monter dans les écrous dans lesquels est engagée leur extrémité. En montant, elles attirent à elles les chaînes, le cadre et son contenu, c'est-à-dire l'arbre et sa motte, qui se trouve, dans ce dernier cas comme dans les précédents, enlevé d'un seul bloc de la place qu'il occupait.

Ainsi, comme nous l'avons dit, le système est toujours le même; la difficulté est proportionnée au volume du végétal à transplanter; les résultats sont d'autant moins douteux que l'appareil mis en œuvre est plus maniable.

Lorsque l'arbre, quel qu'il soit, est ainsi suspendu, on le transporte, soit à bras, soit à l'aide de chevaux, à la place qu'il doit occuper, et où le trou (nous n'avons pas besoin de le dire) a dû être préparé à l'avance. Ce trou, dont la profondeur doit être égale à l'épaisseur de la motte, doit avoir une largeur un peu supérieure à cette dernière, afin qu'elle puisse y entrer facilement. Dès que l'arbre est arrivé à sa destination, on rapproche la terre autour de la motte, on démonte et on retire l'appareil; après quoi on achève de combler le trou. On doit apporter à cette opération les soins que nous avons mentionnés précédemment, c'est-à-dire qu'il faut arroser en cas de besoin, et consolider l'arbre avec des cordes pour empêcher les coups de vent de l'ébranler.

Pour résumer notre opinion au sujet de l'invention de M. Mac-Glashen, nous dirons que son appareil nous paraît commode pour les petits arbres, mais qu'il ne nous semble pas convenable pour les végétaux d'une grande dimension; il coupe leurs racines trop près du tronc; il devient d'un emploi difficile, quelquefois même il est impossible d'y avoir recours. Supposons, par exemple, ce qui n'est pas rare, que l'arbre qu'on veut déplanter se trouve dans un sol renfermant une certaine quantité de pierres dures, des silex, entre autres; il est évident qu'il faudra se donner beaucoup de mal pour enfoncer les bêches, et qu'il faudra même y renoncer quelquefois. Si, au contraire, on a besoin d'agir dans un sol sablonneux, une grande partie de la terre qui enveloppe les racines se détachera et mettra celles-ci à nu, ce qui peut compromettre gravement le succès de l'opération. Mais rien n'étant parfait ici-bas, pourquoi voudrions-nous qu'il en fût autrement de la machine de M. Mac-Glashen? Elle a des avantages, elle offre des inconvénients; il ne s'agit que de savoir l'employer à propos, ou d'y renoncer lorsque son usage ne répond pas au but que l'on veut atteindre, sauf à chercher à améliorer ses parties défectueuses, ce à quoi l'on arrivera très-probablement.

La transplantation des grands arbres est toujours, nous le répétons, malgré toute l'économie qu'il est possible d'y apporter, une cause de grandes dépenses; car l'exécution de travaux de cette nature exige un personnel souvent nombreux, l'aide d'un ou de plusieurs chevaux, et d'un matériel plus ou moins compliqué. Si l'on ajoute à cette considération les chances d'insuccès, on comprendra facilement que ce genre d'opérations est seulement à la portée des amateurs favorisés de la fortune. Les moyens d'exécution pourront varier selon les ressources de chacun; nous avons décrit les plus simples, les plus usités, et à peu près aussi les meilleurs.

V. — *Époque à laquelle il faut employer les abris contre la gelée.*

Afin de rendre aussi complet que possible ce petit traité, dont le cadre, un peu exigu, ne nous permet ni d'embrasser tous les sujets, ni de donner des détails étendus sur chacun d'eux, nous allons indiquer sommairement quelques-unes des précautions à prendre à l'approche de l'hiver, pour garantir de ses rigueurs les végétaux auxquels le froid pourrait être nuisible. Nous ne parlerons pas des divers genres d'abris, mais seulement de l'époque à laquelle il est prudent d'y avoir recours. Et c'est là un point important, car, il faut bien le reconnaître, il arrive trop souvent que l'on ne songe à donner un abri aux arbres que lorsqu'il est trop tard, en d'autres termes, lorsqu'ils ont déjà ressenti les atteintes de la gelée : non pas qu'ils soient complétement morts, mais la congélation des liquides qu'ils contiennent leur a fait prendre une roideur que l'on peut comparer à la roideur cadavérique dans le règne animal. Des soins peu intelligents donnés dans cette période sont souvent plus nuisibles qu'utiles ; des frottements trop brusques, par exemple, brisent les branches ou les bourgeons ; un ébranlement trop fort entraîne la fracture des membres, quelquefois des racines. Dans ces cas on tue complétement le végétal, au lieu de l'aider à revenir à la vie.

Voici, pour éviter ces accidents, comment il convient d'opérer. Lorsqu'on possède des plantes d'une rusticité douteuse, il faut, avant le commencement des gelées, étaler sur le sol, autour du pied du végétal, des feuilles ou du fumier sec jusqu'à une certaine épaisseur, afin de garantir d'abord les racines du froid : ceci est de la plus haute importance ; car, tant que le sol ne sera pas gelé, la plante pourra souffrir beaucoup, avoir même une partie de sa tige ou de ses branches détruites, et cependant ne pas périr.

Si l'on prévoyait que l'intensité du froid dût augmenter, on pourrait, dans l'après-midi, lorsque les plantes sont ressuyées, augmenter l'épaisseur de la couverture, garantir même la partie inférieure du tronc ou collet.

Dans un grand nombre de cas, c'est moins l'intensité du froid que la fatigue que leur cause le vent ou l'action du soleil, qui tue les végétaux ; aussi un abri léger, mais suffisant pour arrêter l'influence de ces deux agents extérieurs, peut-il, dans beaucoup de circonstances, les préserver de la mort.

Ainsi, d'une part, garantir les plantes de la gelée dès que les premiers froids se font sentir ; de l'autre, les préserver de l'action trop directe des grands vents et des rayons solaires : voilà les deux principaux moyens d'assurer non-seulement leur conservation, mais de leur permettre de prendre tout le développement que comporte leur nature.

Ajoutons ici, comme conclusion, quelques observations sur les soins à donner aux arbres lorsqu'on les reçoit plus ou moins fatigués, et que cette fatigue a été occasionnée par le froid ou le desséchement résultant de la longueur du trajet. Quelle que soit la cause du mal, ces arbres doivent être immédiatement mis à l'abri de l'air et autant que possible de la lumière, et légèrement bassinés. S'ils ont souffert de la sécheresse, et que l'écorce soit ridée, on les mouille largement sur toutes leurs parties avec un arrosoir à pomme. On peut aussi faire plonger les racines dans de l'eau pure, ou mêlée d'un peu de terre franche ; les arbres peuvent même y séjourner pendant quelques heures ; après quoi, s'ils sont bien fatigués, on ouvre une tranchée proportionnée à leur grandeur, on les couche dans cette tranchée, et, après les avoir bassinés de nouveau, on les couvre d'une petite épaisseur de terre qu'on arrose aussi, et qu'on recouvre d'un lit de terre

et de feuilles par-dessus, pour empêcher l'évaporation.
Les arbres soumis à ce traitement, quoique bien malades, peuvent revenir à la vie. Dans le cas où ils auraient au contraire souffert du froid, et auraient été plus
ou moins atteints de la gelée, on les traiterait à peu
près comme ci-dessus; il faudrait seulement, autant
que possible, les placer sous l'influence d'une température très-basse, afin que la transition subite du froid au
chaud n'occasionnât pas la mort des parties encore vi-
vantes. Des plantes qui auront été soumises à ce traitement auront besoin, on le comprend, de beaucoup de
ménagement lorsqu'on les exposera à l'air extérieur; elles
devront y être habituées peu à peu, en choisissant un
temps sombre et humide pour les livrer définitivement
aux influences atmosphériques.

FIN.

TABLE DES FIGURES.

TABLE DES MATIÈRES.

EXTRAIT DU CATALOGUE DE LA LIBRAIRIE AGRICOLE.

Agriculture (Cours d'), par DE GASPARIN, cinq volumes in-8 et 233 gravures. 37 50
Agriculture de l'ouest de la France, par Jules RIEFFEL, cinq volumes in-8. . . . . 25 »
Amendements (Traité des), par PUVIS, 1 vol. in-12 de 520 pages. . . . . 5 »
Animaux domestiques; par David LOW, texte et planches coloriées grand in-4°. 60 »
Animaux (Statique chimique des), emploi agricole du SEL, par BARRAL, 1 v. in-12. 5 »
Bière (Traité de la fabrication de la), par ROHART, 2 vol. in-8 et 162 gravures. . . . . . 15 »
Bon Jardinier (Le) pour 1855, par DECAISNE, POITEAU, VILMORIN, 1,658 pages in-12. 7 »
Cactées (Monographie et Culture des), par LABOURET, 1 vol. in-12 de 720 pages. . . 7 50
Camellia (Monographie du), par l'abbé BERLÈSE, 340 pages in-8° et 7 planches. . . . . . 5 »
Camellias (Iconographie des), par l'abbé BERLÈSE, 3 vol. in-fol., et 300 planches col. 375 »
Chevaline (De l'espèce) en France, par le général LAMORICIÈRE, in-4°, 3 cartes col. 3 50
Chimie agricole, par Isidore PIERRE, 662 pages in-12 et 22 gravures. . . . . 4 »
Comptabilité agricole (Traité de), par DE GRANGE, 320 pages in-8 et tableaux. . . . 5 »
Conseils aux agriculteurs, par DEZEIMERIS, 3e édition, 651 pages in-12. . . . . 3 50
Cuisine française (Dictionnaire de), 1 volume de 640 pages in-8°. . . . . 6 »
Dictionnaire d'agriculture pratique, par JOIGNEAUX et MOREAU, 2 volumes
    grand in-8°, à 2 colonnes . . . . 18 »
Drainage (Manuel du), par BARRAL, 800 pages in-12, 230 grav. et 7 planches. . . . 6 »
Drainage (Traité pratique du), par LECLERC, 364 pages in-8° et 127 gravures. . . . . . . 6 »
Herbier général de l'amateur, description, histoire, etc., des végétaux utiles et
    agréables, par Ch. LEMAIRE, 5 beaux vol. in-4°, contenant 373 planches coloriées. . 200 »
Horticulteur universel, par MM. CAMUZET, JACQUES, NEUMANN, PÉPIN, POITEAU,
    LEMAIRE, 7 vol. grand in-8° et 300 planches coloriées . . . . 150 »
Irrigateur (Manuel de l'), par VILLEROY, et **Code des irrigations**. 1 volume
    in-8° de 384 pages et 121 gravures. . . . . 5 »
Jardinage (Manuel du), par COURTOIS-GÉRARD, 450 pages in-12 et 39 gravures. 3 50
Journal d'Agriculture pratique, sous la direction de M. BARRAL, par MM. DE
    GASPARIN, MOLL, ROBINET, VILLEROY, BORIE, BOULEY, GAYOT, Victor LEFRANC,
    etc. Un N° de 48 pages in-4°, avec gravures, les 5 et 20 du mois. Un an. . . . . 15 »
Maison rustique des dames, par Mme MILLET-ROBINET, 2 vol. in-12 et 128 grav. 7 »
Maison rustique du 19e siècle, cinq volumes in-4° et 2,500 gravures. 39 50
    Le tome V (Encyclopédie d'horticulture), 512 pages in-4° et 500 gravures. . . . . 9 »
Plantes, Arbres et Arbustes (Manuel général des). Description et culture de
    25,000 plantes indigènes d'Europe ou cultivées dans les serres. Tomes I à III. . . . . 30 »
Pomone française, par LE LIEUR, 3e édit., 1 vol. in-8° de 600 pag et 15 planches. . 7 50
Revue horticole, par MM. DECAISNE, NAUDIN, NEUMANN, PÉPIN, VILMORIN, paraît
    le 1er et le 16 du mois. Un an (franco), avec 24 gravures coloriées. Une par N°. . . . 9 »
Roses (Choix des plus belles), 30 livraisons de 2 planches col., avec texte. Chacune. 3 »
Statistique agricole de la France, par ROYER, 1 vol. de 472 pages et atlas. . . . 12 »
Vers à soie (Manuel de l'Éducateur de), par ROBINET, 332 pag. in-8° et 51 grav. 5 »

Bibliothèque du Cultivateur, *publiée avec le concours du Ministre de l'Agriculture.*

En vente : Quatorze volumes à 1 fr. 25 cent. le volume in-12, savoir :

L'Éleveur des Bêtes à cornes, par VILLEROY, 2e édition, 438 pages et 60 gravures.
Races bovines de France, Angleterre, Suisse, par DE DAMPIERRE, 240 pages et 15 gravures.
Oiseaux de basse-cour et Lapin, par Mme MILLET-ROBINET, 3e édition, 180 pag. et 11 grav.
Fermage (Estimation, Plans d'améliorations, Bail), par DE GASPARIN, 2e édition, 384 pages.
Métayage (Contrat, Effets, Améliorations), par DE GASPARIN, 2e édition, 166 pages.
Conservation des fruits, par Mme MILLET-ROBINET, 144 pages.
Houblon, par ERATH, traduit de l'allemand par Napoléon NICKLÈS, 127 pag. et 22 grav.
Le Pêcheur à la Mouche artificielle et à toutes Lignes, par DE MASSAS, 204 pages et 27 grav.
Économie domestique, par Mme MILLET-ROBINET, 234 pages et 21 gravures.
Arithmétique et Comptabilité agricoles, par LEFOUR, 224 pages et 12 gravures.
Géométrie agricole (Dessin linéaire, métrage, etc.), par LEFOUR, 216 pages et 150 gravures.
Sol et engrais, par LEFOUR, inspecteur général de l'agriculture, 204 pages et 36 gravures.
Animaux domestiques, Zootechnie, hygiène, etc., par LEFOUR, 180 pages et 55 gravures.
Animaux domestiques, Entretien, élevage, etc., par LEFOUR, 220 pages et 89 gravures.
Solution des Problèmes d'Arithmétique et de Géométrie rectifiés, 36 pages in-12 : 75 c.

Bibliothèque du Jardinier, *publiée sous la direction de MM. DECAISNE et VILMORIN.*

En vente : Quatre volumes à 1 fr. 25 cent. le volume in-12 : savoir :

Asperge (Culture naturelle et artificielle), par LOISEL, 108 pages et 6 gravures.
Melon (Culture sous cloche, sur butte et sur couche), par LOISEL, 112 pages et 3 gravures.
Chimie et Physique horticoles, par DEHÉRAIN, 120 pages et 11 gravures.
Pépinières, par CARRIÈRE, 144 pages et 16 gravures.